高等学校电子信息类专业系列教材

武汉理工大学本科教材建设专项基金项目

U0169932

微机原理与单片机技术
实验教程

主 编 杨 扬 李云路

西安电子科技大学出版社

内 容 简 介

本书分为上、下篇，分别是微机原理与接口技术实验和单片机实验，共包含 6 章。其中：
第 1～3 章为微机原理与接口技术实验，分别为通用微机实验系统集成环境、汇编语言程序
设计实验和微机接口技术及其应用实验；第 4～6 章为单片机实验，分别为单片机实验开发
环境、单片机基础实验和单片机应用实验。每个实验项目都包括实验目的、预习要求、实验
原理、实验内容及步骤，并设置有拓展实验内容。本书还在附录中设置了综合创新性实验参
考选题，其中包含设计要求和参考设计方案，可供有兴趣的学生参考。

本书可作为普通高校电子类、自动化类以及其他相近专业的微机原理与接口技术和单片
机原理及应用等课程的实验教材或教学参考书，也可供自学微机原理与单片机技术的科技和
工程技术人员学习或参考。

图书在版编目(CIP)数据

微机原理与单片机技术实验教程 / 杨扬，李云路主编.
—西安：西安电子科技大学出版社，2022.4
ISBN 978–7–5606–6425–5

Ⅰ. ①微…　Ⅱ. ①杨…　②李…　Ⅲ. ①单片微型计算机—实验—教材　Ⅳ. ①TP368.1-33

中国版本图书馆 CIP 数据核字(2022)第 048775 号

策　　划　秦志峰
责任编辑　雷鸿俊
出版发行　西安电子科技大学出版社(西安市太白南路 2 号)
电　　话　(029)88202421　88201467　　　　邮　　编　710071
网　　址　www.xduph.com　　　　电子邮箱　xdupfxb001@163.com
经　　销　新华书店
印刷单位　陕西天意印务有限责任公司
版　　次　2022 年 4 月第 1 版　　2022 年 4 月第 1 次印刷
开　　本　787 毫米×1092 毫米　1/16　印张 10.5
字　　数　246 千字
印　　数　1～2000 册
定　　价　31.00 元
ISBN 978–7–5606–6425–5 / TP
XDUP 6727001–1
*****如有印装问题可调换*****

前　言

微机原理与接口技术、微处理器与微控制器、单片机原理及应用等课程是大多数本科院校电子类专业学生的必修课程，而实验和实践教学是课程教学中不可或缺的组成部分。通过实验教学，可以帮助学生加深对微处理器工作原理和使用方法的理解，培养学生软件编程和硬件设计能力、动手操作能力和应用创新能力。本书是结合电子类专业人才培养目标和微机原理及单片机技术等课程教学的实际需求编写而成的。

本书内容与微机原理与接口技术和单片机原理及应用课程相对应，并涵盖了这两门课程的主要知识点，此外还提供了综合应用性实验内容。全书分为两篇：上篇是微机原理与接口技术实验，对应第 1～3 章，内容分别为通用微机实验系统集成环境、汇编语言程序设计实验和微机接口技术及其应用实验；下篇为单片机实验，对应第 4～6 章，内容分别为单片机实验开发环境、单片机基础实验和单片机应用实验。按实验内容划分，可将全书实验项目分为纯软件实验和硬件实验；按实验层次划分，又可将全书实验项目分为基础性实验、拓展性实验和综合应用性实验。

本书内容注重知识理解和能力培养相统一，具有以下 5 个方面的特点。

(1) 基础性、拓展性和综合应用性相结合。上篇按照从实验所需硬件及其开发环境建立开始，到纯软件实验、硬件基础实验、硬件拓展实验的顺序设置实验内容。下篇按照从实验开发环境开始，到基础实验，再到应用实验的顺序设置实验内容。实验内容的进阶式提升，有助于学生在掌握基本内容的基础上实现能力提升。

(2) 实验内容独立又统一。上篇与下篇的内容设置是独立的，需要同时学习微机原理与接口技术和单片机原理及应用这两门课程的学生可以参考全书，只学习其中一门课程的学生则可以参考其中一篇的内容。统一则体现在内容设置上不重复，比如在上篇中介绍了数码管显示、键盘扫描、液晶显示等实验内容，在下篇中则不赘述，只需参考上篇中的实验原理、参考程序等，即可完成单片机综合应用性实验。

(3) 纯软件实验与硬件实验结合。纯软件实验能帮助学生认识实验集成开发环境，了解数据在内存中存放及调试汇编语言程序的方法。硬件实验既能帮助学生掌握8086/8088系列微处理器和MCS-51系列单片机的内部结构和功能以及相关外围电路的连接方法，也能通过汇编语言或者C语言编程提高学生软件编程和实践能力。采用先软件实验后硬件实验的顺序编排，有助于学生完成从基本认知、基础实践到综合实践的过渡，培养学生分析和解决问题的能力。

(4) 虚实结合。实验内容具有通用性，学生既可以基于实验系统进行硬件实物实验，也可以结合Proteus仿真软件等进行仿真实验，学习不受时空限制，这样能充分调动学生的主观能动性和激发学习兴趣。教师也可根据实际情况灵活施教，以满足不同时期的教学需求。

(5) 课内实验与开放性实验相结合。针对基础实验，讲述内容包括相关知识点、实验要求、实验原理、实验电路、程序流程图和参考程序等详细内容，以帮助学生巩固基础。每个实验项目的最后都设置有思考题或者拓展实验，让学生自主修改硬件连接和程序来达到拓展实验的要求。在本书附录部分，提供了综合创新性实验参考选题，学生也可以自主选题，由学生独立完成包括微控制器选型、方案设计、硬件电路设计和软件编程在内的作品制作全过程，不依赖于特定的实验设备，完全开放，以提高学生的综合实践和应用创新能力，为参加科技竞赛和开展创新项目做铺垫。

本书由武汉理工大学杨扬和李云路担任主编。具体的编写分工为：第1章、第2章和第3章的3.1.1~3.1.4节由李云路编写，第3章的3.1.5、3.1.6节及3.2节、第4~6章和附录由杨扬编写。全书由李云路统稿。本书在编写过程中参考了许多专家的著作并汲取了其经验，在此表示感谢！

由于编者水平有限，书中难免有不足之处，恳请读者批评指正。联系邮箱：luluyunli@qq.com。

编　者

2021 年 12 月

目　　录

上篇　微机原理与接口技术实验

第1章　通用微机实验系统集成环境 2

1.1　实验系统介绍 2

1.2　实验系统的硬件环境 2

1.3　实验系统软件开发环境 12

第2章　汇编语言程序设计实验 20

2.1　汇编语言程序设计开发过程 20

2.1.1　汇编程序设计流程 20

2.1.2　汇编程序的基本结构 21

2.2　输入/输出程序设计实验 24

2.3　数码转换类程序设计实验 27

2.4　运算类程序设计实验 31

2.5　分支与循环程序设计实验 34

2.6　子程序设计实验 40

第3章　微机接口技术及其应用实验 45

3.1　8086/8088 硬件基础实验 45

3.1.1　8255 并行接口实验 45

3.1.2　8253 定时器/计数器实验 52

3.1.3　8251A 串行口通信实验 59

3.1.4　8259 外部中断实验 71

3.1.5　D/A 转换实验 82

3.1.6　A/D 转换实验 85

3.2　8086/8088 硬件拓展实验 89

3.2.1　数码管显示实验 89

3.2.2　键盘扫描实验 94

3.2.3　电子时钟实验 99

3.2.4　液晶显示控制实验 102

下篇　单片机实验

第4章　单片机实验开发环境 112

4.1　MCS-51 单片机集成开发环境安装 112

4.2　实验操作流程 119

第5章　单片机基础实验 121

5.1　Keil 开发环境的使用 121

5.2　I/O 口输入/输出实验 126

5.3　中断系统实验 130

5.4　定时器/计数器实验 134

5.5　串行通信实验 138

5.6　步进电机控制实验 147

5.7　直流电机控制实验 151

第6章　单片机应用实验 155

6.1　交通灯设计实验 155

6.2　计算器设计实验 156

6.3　温度闭环控制实验 158

附录　综合创新性实验参考选题 161

参考文献 162

上篇　微机原理与接口技术实验

第 1 章 通用微机实验系统集成环境

1.1 实验系统介绍

在学习微机原理与单片机技术的过程中,既要掌握正确的分析与设计方法,也要通过硬件实验环节来逐步巩固和提高相应的知识和技能。硬件实验和课程设计对硬件有很高的依赖性,必须有相应的实验平台。目前国内广泛应用的微机实验平台主要有南京伟福实业有限公司的通用微控制器实验系统、西安唐都科教仪器公司的微机教学实验系统、清华大学的 TPC 实验系统和复旦大学的启东实验系统。这几种实验平台各具特点,实验原理基本相同。

本书选用了由南京伟福实业有限公司开发的 Lab8000 系列通用微控制器实验系统,该系统为实验教学提供了完善的微机原理与单片机技术的软件实验调试平台和硬件实验开发平台。其主要特点如下:

(1) 由于 8088/MCS51 CPU 实验开发系统集成于基板,免除了数据选择开关和插卡引脚,提高了系统稳定性,使操作更方便,主机可自动识别 CPU 类型,从而自动切换三种不同 CPU 的总线连接,使用方便。

(2) 该实验系统基于开放式结构,电路单元独立开放,提高了实验的灵活性;各单元模块可灵活搭建不同的实验电路,给用户留下了创造空间,极大地提高了资源利用率。

(3) 系统支持联机运行和脱机运行两种工作方式。联机运行是指在与上位机软件联机的状态下实现各种调试和运行的操作。脱机运行是在无实验设备的情况下,用户可在计算机上进行模拟调试,这为从实验室向学生寝室延伸创造了条件,学生可以在自有的计算机上设计程序并进行初步调试实验,从而为提高实验效率和提升实验效果提供了条件。

(4) 该实验系统集成了通用单片机仿真器;64 KB 数据空间、64 KB 程序空间全部开放;采用双 CPU 模式,仿真 CPU 和实验 CPU 独立运行;软件支持汇编、PL/M、C 语言,性能稳定,同时支持 IDE/Keil 双平台。

(5) 实验系统强有力的保护措施,保证了设备的低故障率,且硬件模块具有 100%的自检测能力。

(6) 配有适应 Windows Me/2000/XP、WIN7/8/10 等操作平台的调试软件。

1.2 实验系统的硬件环境

Lab8000 主机板集成有以下模块:8253 可编程定时器/计数器、8255 可编程并行接口、

DAC0832 数/模(D/A)转换器、ADC0809 模/数(A/D)转换器、8251A 串行口扩展电路、8259 中断扩展电路、DMA 8237 及存储器电路、74HC245 读入数据电路、74HC273 输出数据电路、74HC165 并转串电路、74HC164 串转并电路。

外围电路包括：8 位逻辑电平开关、8 位 LED 显示、6 个八段数码管及控制显示电路、直流电机及驱动电路、步进电机及驱动电路、电机测速用霍耳传感器、继电器及驱动电路、喇叭及驱动电路。

信号源部分包括：一个 2 路输出的时钟源、一个单脉冲发生电路；一个逻辑笔，可用于检查 TTL(Transistor-transistor Logic，晶体管-晶体管逻辑)电平高低。

新型实验电路包括：图形液晶显示实验模块、红外收发实验模块、16×16 点阵 LED 及驱动电路、压力传感器及测控模块、I^{2}C 总线模块、SPI 总线模块及 1-Wire 总线模块。

通信接口包括：供实验用的 RS232 接口及供调试用的 USB 接口。

Lab8000 主机板如图 1-1 所示，下面介绍本实验箱中一些常用的电路模块。

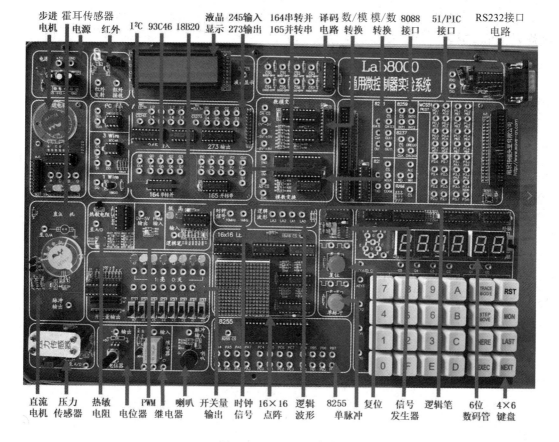

图 1-1　Lab8000 主机板

1. 逻辑电平开关电路

实验箱上有 8 只开关 K0～K7，并有与之相对应的 K0～K7 引线孔作为逻辑电平输出端，如图 1-2 所示。开关向上拨，相应插孔输出高电平"1"；开关向下拨，相应插孔输出低电平"0"。

Lab8000 主机板

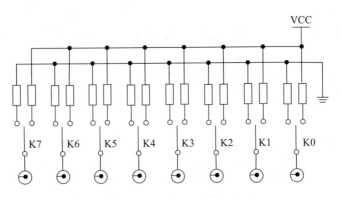

图 1-2 逻辑电平开关电路

2. LED 电平显示电路

实验箱上装有 8 只发光二极管及相应驱动电路。如图 1-3 所示，L0～L7 为发光二极管，当其输入端为高电平"1"时发光二极管点亮。可以通过 P1 口对其直接进行控制，点亮或者熄灭发光二极管。

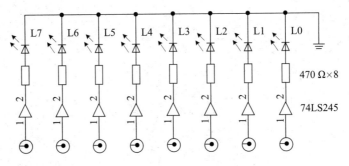

图 1-3 LED 电平显示电路

3. 单脉冲发生电路

单脉冲发生电路由 PULSE 按键和去抖动处理电路组成，如图 1-4 所示。每按一次 PULSE 按键产生一个单脉冲。实验箱上有单脉冲的输出信号插孔，分别为正脉冲和负脉冲。

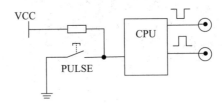

图 1-4 单脉冲发生电路

4. 音频放大滤波电路

实验箱上有音频放大滤波电路，如图 1-5 所示。通过输入不同频率的脉冲，控制喇叭发出不同的音调，端口输入的方波经放大滤波后，驱动扬声器发声。

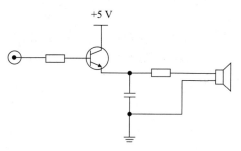

图 1-5　音频放大滤波电路

5. 继电器控制电路

实验箱上有继电器控制电路，如图 1-6 所示。当控制端电平置高时，公共触点与常开端吸合。可以将常开端接入一个发光二极管，公共端接 +5 V 电平，通过对控制端进行控制，观察发光二极管的状态。

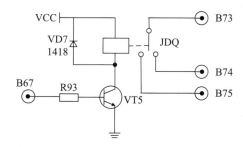

图 1-6　继电器控制电路

6. 脉冲信号电路

实验箱上有 10 MHz 和 1 MHz 两种脉冲信号，10 MHz 脉冲产生电路如图 1-7 所示。该电路经过脉冲分频电路可产生 1 MHz 脉冲信号，如图 1-8 所示。这两个电路都已被实验箱仿真器板所集成。

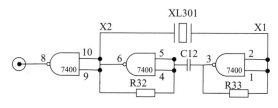

图 1-7　10 MHz 脉冲产生电路

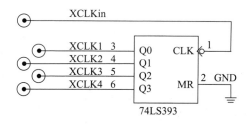

图 1-8　脉冲分频电路

7. 逻辑测量(逻辑笔)电路

实验箱上有逻辑测量电路，如图 1-9 所示。逻辑测量电路可用于测量各种电平，其中红灯亮表示高电平，绿灯亮表示低电平。如果两灯同时闪动，则表示有脉冲信号；如果两灯都不亮，则表示浮空(高阻态)。

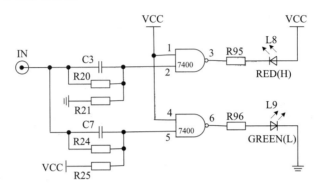

图 1-9　逻辑测量电路

8. PWM 转换电路

实验箱上有 PWM 转换电路，如图 1-10 所示。PWM 转换电路可以将脉冲的占空比变成电压，占空比是脉冲中高电平与低电平的宽度比，通过调整占空比来输出模拟电压。

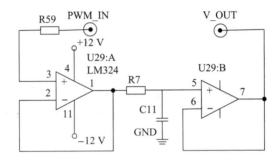

图 1-10　PWM 转换电路

9. 电位器电路

实验箱上有电位器电路，如图 1-11 所示。电位器电路用于产生可变的模拟量(0～5 V)输出。

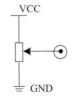

图 1-11　电位器电路

10. A/D 转换电路

实验箱上有 A/D 转换电路，如图 1-12 所示。A/D 转换电路可利用实验箱上的可调电位器产生电压信号，将可变电压输出端接入 A/D 转换电路的输入端，通过 CPU 软件处理，读进 A/D 转换值，再将转换值送数码管显示。另外，还可以调节电位器，使之输出不同电压值，通过数码管的显示，检验 A/D 转换正确与否。

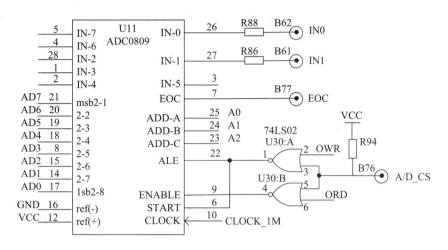

图 1-12　A/D 转换电路

11. D/A 转换电路

实验箱上有 D/A 转换电路，如图 1-13 所示。D/A 转换芯片 DAC0832 可以通过软件编程来控制，能够将输入数字量转换成相应的模拟电流值，再经过采样电路转换成电压值，用电压表测量电压输出端子即可读出电压值。

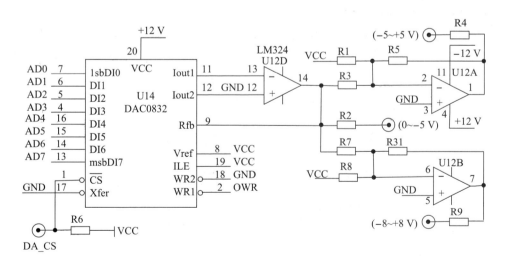

图 1-13　D/A 转换电路

12. 8255 端口扩展电路

实验箱上有 8255A 扩展电路，如图 1-14 所示。其中，与 CPU 连接的引脚数据线 D7～D0、读写控制 $\overline{RD}$ 和 $\overline{WR}$、复位线 RESET 和端口地址控制线 A0、A1 都不需要用户连接，实验箱仿真板内部已集成好；留给用户可供扩展的有片选信号$\overline{CS}$和 3 个数据端口（PA7~PA0、PB7~PB0、PC7~PC0）。

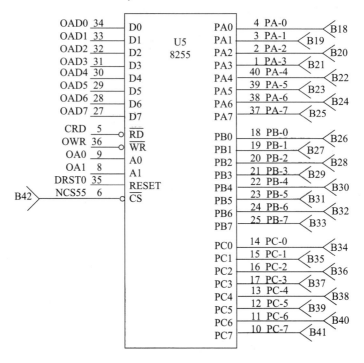

图 1-14　8255 端口扩展电路

13. 8251A 串行口扩展电路

实验箱上有 8251A 串行口扩展电路，如图 1-15 所示。其中，与 CPU 连接的引脚数据线 D7~D0、读写控制$\overline{RD}$和$\overline{WR}$、控制数据选择 C/D 和复位信号 RESET 都不需要用户连接，实验箱仿真板内部已集成好；留给用户可供扩展的有片选信号$\overline{CS}$、时钟信号 CLK、与发生器有关的信号(TxD、TxCLK)和与接收器有关的信号(RxD、RxCLK)。

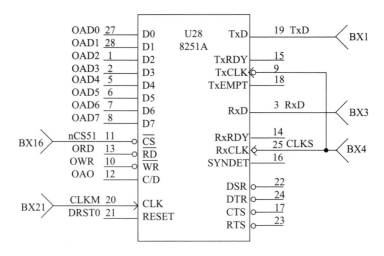

图 1-15　8251A 串行口扩展电路

14. 8253 定时器/计数器扩展电路

实验箱上有 8253 定时器/计数器扩展电路，如图 1-16 所示。其中，与 CPU 连接的引脚数据线 D7～D0、读写控制 $\overline{RD}$ 和 $\overline{WR}$ 和端口地址控制线 A0、A1 都不需要用户连接，实验箱仿真板内部已集成好；留给用户可供扩展的有片选信号 $\overline{CS}$ 和两个计数通道，通道 0 包括 CLK0、GATE0 和 OUT0，通道 1 包括 CLK1、GATE1 和 OUT1。

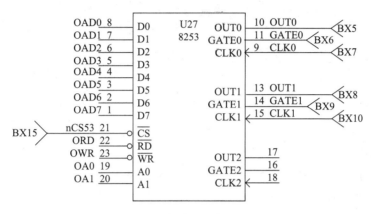

图 1-16   8253 定时器/计数器扩展电路

15. 8259 中断扩展电路

实验箱上有 8259 中断扩展电路，如图 1-17 所示。其中，与 CPU 连接的引脚数据线 D7～D0、读写控制 $\overline{RD}$ 和 $\overline{WR}$、地址输入线 A0 和双向主从控制 SP 都不需要用户连接，实验箱仿真板内部已集成好；留给用户可供扩展的有片选信号 $\overline{CS}$、级联线 CAS0～CAS2 和与中断有关的信号(INT、INTA、IR0～IR2)。

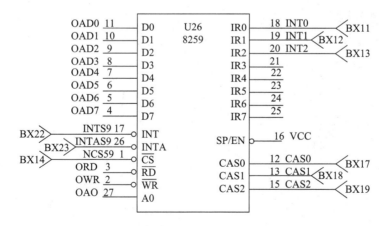

图 1-17   8259 中断扩展电路

16. 液晶屏接口电路

实验箱上有液晶屏接口电路，如图 1-18 所示。本实验箱采用的液晶显示屏内置控制器为 SED1520，点阵为 122×32，需要两片 SED1520 组成，由 E1、E2 分别选通，以控制显示屏的左右两半屏。

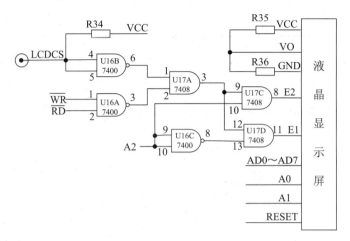

图 1-18　液晶屏接口电路

17. I²C 总线电路

AT24C02 为 I²C 总线型 EEPROM 存储器，如图 1-19 所示。AT24C02 的容量为 2 KB/位，读/写时序遵循 I²C 总线协议标准，其内部设有一个控制寄存器。

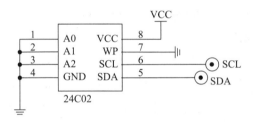

图 1-19　I²C 总线电路

18. 红外通信电路

实验箱上有红外通信电路，如图 1-20 所示。利用红外发送和接收电路，可实现近距离的无线通信。

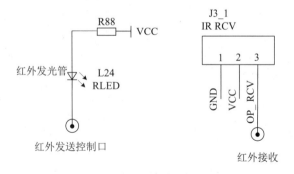

图 1-20　红外通信电路

19. 直流电机/霍耳元件电路

实验箱上有直流电机/霍耳元件电路，如图 1-21 所示。在电机转盘上安装一个小磁芯，用霍耳元件感应电机转速，再利用单片机控制 8255 读回感应脉冲，可以测算出电机的转速。

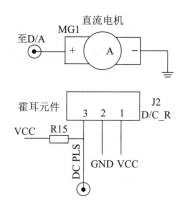

图 1-21　直流电机/霍耳元件电路

20. 步进电机驱动电路

实验箱上有步进电机驱动电路，如图 1-22 所示。通过对每相线圈中电流的顺序切换可使电机做步进式旋转。调节脉冲信号的频率可以改变步进电机的转速，改变各相脉冲的先后顺序可以改变电机的旋转方向，步进电机的转速应由慢到快逐步加速。

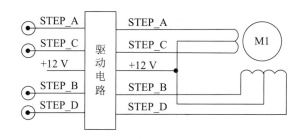

图 1-22　步进电机驱动电路

21. 温度传感器电路

实验箱上有温度传感器电路，如图 1-23 所示。温度传感器电路可大致分成电源、电阻电桥、运放和输出四部分。电源由 R4、R6、C1、U1B 组成。其中：R4、R6 为分压电路；C1 主要滤除 VCC 中纹波；U1B 为运算放大器，工作于电压跟随器方式，其特点是具有高输入阻抗、低输出阻抗，可为后级电桥提供较稳定的电流。

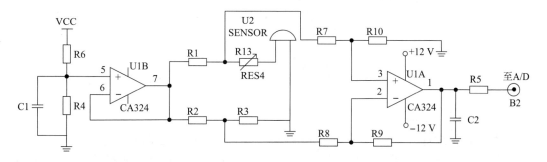

图 1-23　温度传感器电路

22. 地址译码插孔

实验箱上有 32 KB 存储器，由 74HC138 地址译码电路提供，如图 1-24 所示。由于地址译码为 4 KB 每段，因此只能提供 4 KB 容量，地址为 X000H～XFFFH，用片选信号 $\overline{CS}$ 来选择不同的地址段，以适应不同的应用电路，地址译码片选信号端对应的地址范围如表 1-1 所示。

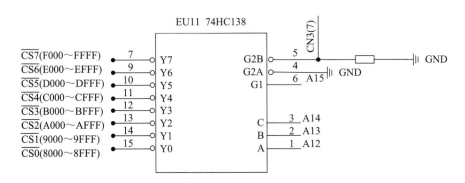

图 1-24   74HC138 地址译码电路

表 1-1   地址译码片选范围

片 选 号	地 址 范 围
$\overline{CS0}$	08000H～08FFFH
$\overline{CS1}$	09000H～09FFFH
$\overline{CS2}$	0A000H～0AFFFH
$\overline{CS3}$	0B000H～0BFFFH
$\overline{CS4}$	0C000H～0CFFFH
$\overline{CS5}$	0D000H～0DFFFH
$\overline{CS6}$	0E000H～0EFFFH
$\overline{CS7}$	0F000H～0FFFFH

1.3   实验系统软件开发环境

1. 伟福软件的安装

注意： 伟福软件只能在 32 位系统下编译运行，不支持 64 位系统。

(1) 将光盘放入光驱，光盘会自动运行，出现安装提示；或打开安装包中的"vw_setup.exe"文件，会出现如图 1-25 所示的窗口。

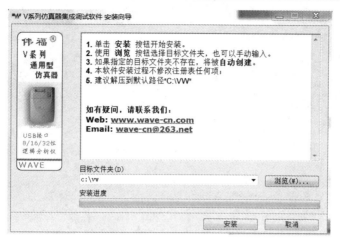

图 1-25　安装向导

（2）选择安装盘，如选择"C:"盘，单击"安装"按钮，进入安装状态，直至安装完毕，如图 1-26 所示。

图 1-26　安装进度

若光驱自动运行被关闭，用户可以打开光盘的\ICESSOFT\VW\目录(文件夹)，把 VW 目录下的所有内容拷贝到计算机硬盘(如 C 盘)。

安装完毕后，在计算机 C 盘下将产生一个 VW 目录，里面包括 BIN、DRIVER、HELP 和 SAMPLES。

（3）编译器的安装：伟福仿真系统已内嵌汇编编译器(伟福汇编器)，同时留有第三方的编译器的接口，方便用户使用高级语言调试程序。

安装 86 系列 CPU 编译器的步骤如下：

① 进入 C 盘根目录，建立 C:\COMP86 子目录(文件夹)。

② 将光盘\ICESSOFE\COMP86\目录下的全部内容拷贝到 C:\COMP86 子目录(文件夹)下。

③ 在伟福软件的主菜单中选择"仿真器"→"仿真器设置"→"语言"，将"编译器路径"指定为 C:\COMP86(默认路径)，如图 1-27 所示。

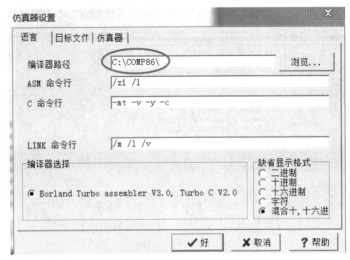

图 1-27　编译器路径

注意：如果用户将第三方编译器安装在硬盘的其他位置，则在"编译器路径"中指明其位置。

2. 实验箱 USB 驱动安装

注意：如果在 Windows 7(64 位)下安装本驱动，则需在安装驱动之前先重启计算机，在系统启动时按 F8 键，进入系统启动选项页面，手动选择"禁用驱动程序签名强制"选项。

实验箱 USB 驱动安装步骤如下：

(1) 将实验箱的 USB 线一端插在实验箱上，一端插在计算机上，并打开实验箱电源，此时实验箱电源指示灯应该发亮。

(2) 在计算机屏幕上的右下角会显示"发现新硬件"，然后自动安装驱动程序，在"计算机""管理""设备管理器""通用串行总线控制器"下检查实验箱 USB 接口驱动安装是否正确，正确的显示如图 1-28 所示。

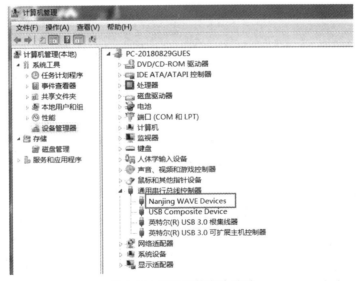

图 1-28　驱动安装成功界面

　　(3) 如果安装不正确，则在"设备管理器"中右击"未知设备"，单击"更新驱动程序软件"，选择"浏览计算机以查找驱动程序软件"，找到"C:\vw\Drives\Cypress_V2\WIN7\x64"(如果是 32 位系统，则将 x64 换成 x86)，如图 1-29 所示，单击"下一步"即可。

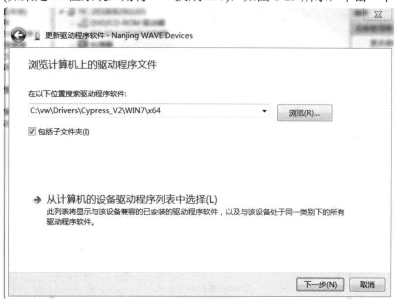

图 1-29　更新驱动界面

3. 伟福软件的使用

以软件实验为例，具体操作步骤如下：

(1) 打开桌面的"V 系列仿真器集成调试软件"，选择菜单"仿真器"中的"仿真器设置"功能或按"仿真器设置"快捷图标或双击项目窗口的第一行来打开"仿真器设置"对话框，如图 1-30 所示。

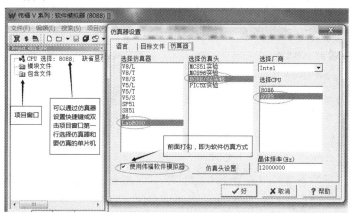

图 1-30　仿真器设置

　　在"选择仿真器"栏中选择"Lab8000"，在"选择仿真头"栏中选择"8088/86 实验"，在"选择厂商"栏中选择"Intel"，在"选择 CPU"栏中选择"8088"，将"晶振频率"栏设置为"12000000"，在"语言"栏中确认"编译器选择"的路径是否正确，将左下方"使用伟福软件模拟器"前面框内打上钩，最后单击"好"，出现如图 1-31 所示的界面。

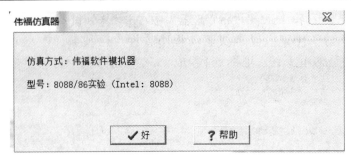

图 1-31　仿真器设置成功

(2) 建立新程序：选择菜单"文件"中的"新建文件"功能，会出现一个文件名为 NONAME1 的源程序窗口，在此窗口中输入程序。

(3) 保存程序：选择菜单"文件"中的"保存文件"或"另存为"，设置文件所要保存的位置，如 C:\vwTest 文件夹，再设置文件名为 TEST1.ASM，保存文件。文件保存后，程序窗口中的文件名变成了 TEST1.ASM，如图 1-32 所示。

图 1-32　保存文件

(4) 建立新的项目：选择菜单"文件"中的"新建项目"功能，首先会出现"加入模块文件"对话框，选中刚才保存的文件 TEST1.ASM，单击"打开"，如图 1-33 所示。

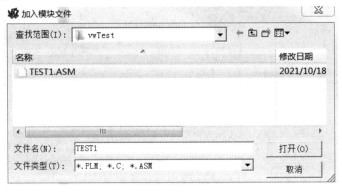

图 1-33　加入模块文件

注意：如果是多模块项目，则可以同时选择多个文件再打开。

然后会出现"加入包含文件"对话框，选择所要加入的包含文件(可多选)，如果没有包含文件，则单击"取消"按钮。

最后会出现"保存项目"对话框，在文件名后面输入项目名称 TEST1，无须加后缀，软件会自动将后缀设成".PRJ"，单击"保存"，如图 1-34 所示。

图 1-34　保存项目

(5) 编译程序：选择菜单"项目"中的"编译"功能或按编译快捷图标或按 F9 键，编译项目。

编译过程中如果有错，则可以在信息窗口中显示出来；双击错误信息，可以在源程序中定位所在行。纠正错误后，需再次编译直到没有错误。在编译之前，软件会自动将项目和程序存盘。在编译没有错误后，就自动进入调试状态，如图 1-35 所示。

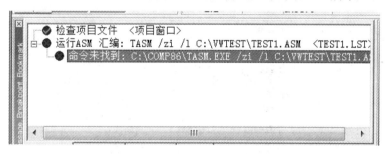

图 1-35　编译错误

(6) 软件的调试功能包括跟踪、执行到光标处、单步、设置/取消断点、全速执行等。

① 跟踪：选择"执行"→"跟踪"功能或按跟踪快捷图标或按 F7 键进行单步跟踪调试程序。跟踪就是一条指令一条指令地执行程序，若有子程序调用，则也会跟踪到子程序中。可以观察程序每步执行的结果，"=>"所指的就是下次将要执行的程序指令。由于条件编译或高级语言优化的原因，不是所有的源程序都能产生机器指令。

② 执行到光标处：将光标移到程序想要暂停的地方，选择菜单"执行"→"执行到光标处"功能或按 F4 键，程序将全速执行到光标所在行。

③ 单步：这里的"单步"也可称为"宏单步"，按 F8 键可进行宏单步执行。"宏单步"与"跟踪单步"不同的是："宏单步"碰到"子程序"时不进入主程序中，"跟踪单步"碰到"子程序"时是要进入主程序中的。

④ 设置/取消断点：将光标移到源程序窗口的左边灰色区，光标变成"手指圈"，单击

左键"设置断点"，也可以用弹出菜单的"设置/取消断点"功能或用 Ctrl+F8 组合键设置断点。断点的图标为"红圆绿钩"，无效断点的图标为"红圆黄叉"。将光标移到断点行源程序窗口的左边灰色区，单击一下即可取消断点设置。

⑤ 全速执行：断点设置好后，就可以用全速执行的功能全速执行程序。当程序执行到断点时会暂停下来，这时可以观察程序中各变量的值，判断程序是否正确。

4．逻辑分析仪的使用

本实验箱还具有通用仿真器所具有的逻辑分析仪功能，该功能可以让学生在做实验时不仅能了解程序的执行过程，更能直观地看到程序运行时的时序或者电路上的信号，便于学生调试程序，加深对执行过程的理解。

本实验箱带有 32 路逻辑分析仪功能，可以采样 4 路外部波形和 28 路内部波形，学生可直观地看到电路的工作时序，增加感性认识。外部 4 路逻辑波形由实验箱上的 LA0、LA1、LA2、LA3 接入，信号来源由学生选择，任意接到实验箱上所要观察的数字信号即可；内部 28 路逻辑波形分别为 8 路数据信号、16 路地址信号以及 RD、WR、PSEN、ALE 4 路控制信号。当程序运行时，逻辑分析就采样信号，当程序停下来时，仿真板将采样到的数据传到系统机上并显示出来。

下面以 8086/8088 的硬件实验 8253 定时器实验为例，将要采样的信号源接到逻辑波形的 LA0 上，具体操作如下：

(1) 选择菜单"仿真器"中的"跟踪器/逻辑分析仪设置…"功能，在弹出的对话框中选中"逻辑分析仪"，单击"好"确认，如图 1-36 所示。

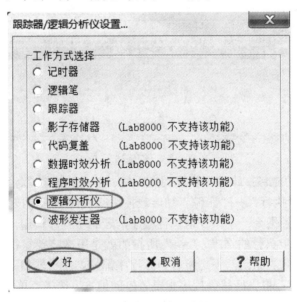

图 1-36　选中"逻辑分析仪"

(2) 选择菜单"窗口"中的"逻辑分析窗口"功能，在弹出的对话框中双击"CTRL:FF"，就会出现逻辑波形的 4 个探头：LA0、LA1、LA2 和 LA3。然后单击下方的"采样"，会出现"触发设置"对话框，将采样频率设置为"1K(1ms)"，如图 1-37 所示。

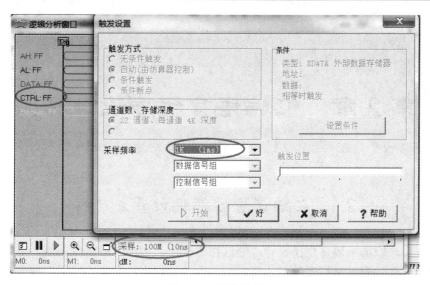

图 1-37　触发设置

（3）全速执行一段时间后暂停程序，"逻辑分析窗口"中就会出现刚刚采集的波形，如图 1-38 所示。将游标 M0 和 M1 分别拖到一个周期的起始和末尾，可以观察一个周期的时间间隔 dM 为 1000 ms。

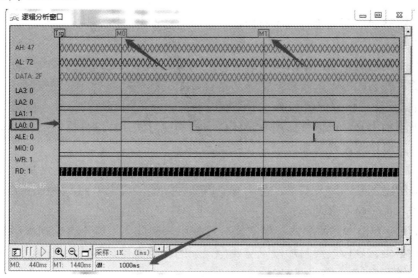

图 1-38　逻辑分析窗口

第 2 章 汇编语言程序设计实验

2.1 汇编语言程序设计开发过程

本章主要介绍汇编语言程序设计，通过实验来学习 80x86 的指令系统、寻址方式以及程序的设计方法，同时掌握实验系统集成开发软件的使用；简单介绍了汇编语言程序设计开发过程，并且列举了几个汇编语言程序设计实验。这些实验的程序设计既可以在伟福软件工具集成环境平台上进行，也可以在其他汇编程序开发环境下进行。

2.1.1 汇编程序设计流程

通常，编制一个汇编语言程序应按以下步骤进行：

(1) 明确任务，确定算法：这是非常关键的一步。在接受一个编程任务时，必须首先仔细分析和正确理解任务的要求，并选择合适的算法。如果把任务的要求理解错了或算法选择不合适，就会编出一个质量低劣甚至不合要求的程序。

(2) 根据算法画出程序流程图：画流程图实际上是采用标准的符号，根据算法把程序设计的大纲绘制出来，以便整体观察设计任务和实现方法，仔细分析各部分之间的关系，找出其中的逻辑错误，及时加以修正和完善。

(3) 分配存储空间和工作单元：用高级语言编制程序可以不考虑这一步，只要在程序的说明部分给出变量的定义即可，至于变量放在存储器的哪个单元，则由高级语言的编译程序去安排，程序员不必理会。

8086/8088 存储器结构要求存储空间分段使用，因此用汇编语言编制程序要分别定义代码段、数据段、堆栈段及附加段。需要为定义的变量安排具体的存放区域，并且按要求给出它们的类型(字节、字或双字)。

(4) 编写程序：在确定好算法、绘制好程序流程图和分配好存储空间后，就可以利用 8086/8088 指令系统编制汇编源程序。

(5) 程序静态检查：查看程序是否具备所要求的功能，选用的指令是否合适，语法和格式上是否有错误，指令中引用的语句标号和变量名是否定义正确，程序执行流程是否符合算法等。

(6) 上机调试、运行程序：上机调试可以检查源程序中的语法错误，按指出的语法错误修改程序，直至无误，再利用 DEBUG 调试工具检查程序运行后是否能达到预期的结果。

　　总之，程序结构清晰、可读性强、占用存储空间少、运行速度快是每一个编程人员追求的目标。为了做到这一点，不仅要理解指令的基本功能，而且要多读、多写、多上机调试各种程序，通过实践不断总结经验，加深对汇编语言的语句和程序设计方法的理解，逐步掌握各种程序设计方法和技巧。

2.1.2　汇编程序的基本结构

　　程序的基本结构形式有 4 种：顺序结构、分支结构、循环结构和子程序。

1. 顺序结构

　　顺序结构程序一般是简单程序，它是顺序执行的，无分支、无循环，也无转移，因此也称为直线程序。顺序结构程序流程如图 2-1 所示。

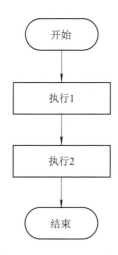

图 2-1　顺序结构程序流程

2. 分支结构

　　在汇编语言中，为了实现对问题的判断及对判断结果产生的选择操作，产生了分支程序结构。分支结构的执行首先是对一个问题进行判断，根据判断的结果产生两个或两个以上的选择，不同的选择执行不同的语句路径。分支结构的程序设计方法关键是合理构造分支的条件以及分析程序流程，根据不同的程序流程选择恰当的分支语句与判断依据。在设计分支结构语句时，一般将较为简单的支线语句放在前面，而将复杂的支线语句放在后面，这样做的目的是避免整个语句体架构"头重脚轻"，便于维护与阅读。对于多分支的情况，也可以按照"由简到繁"的逻辑，设计各支线语句。

　　分支程序一般是利用比较、转移指令来实现的。用于比较、判断的指令有两数比较指令 CMP、串比较指令 CMPS 和串搜索指令 SCAS，用于实现转移的指令有无条件转移指令 JMP 和各种类型的条件转移指令。它们可以互相配合实现不同情况的分支。多路分支情况可以采用多次判断转移的方法实现，每次判断转移形成两路分支，n 次判断转移形成 $n+1$ 路分支，也可以利用跳转表来实现程序分支。在设计分支结构语句架构时，为了理清编程思路，建议先按照程序逻辑绘制程序流程图，然后根据流程图编写程序代码。分支结构有两种常用结构，其示意图如图 2-2 所示。

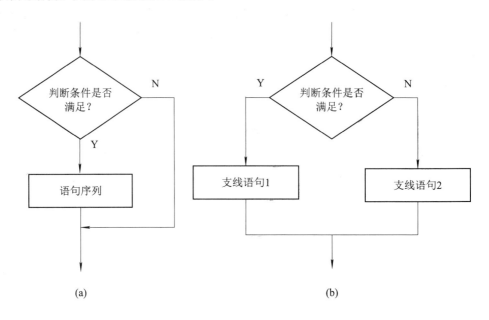

图 2-2　分支结构示意图

3. 循环结构

当需要重复执行某段程序时，可以利用循环程序结构。这种程序结构可以使程序大大缩短，节省内存。

循环程序一般由 4 部分组成：

(1) 初始化部分：为开始循环做一些准备工作，如建立循环次数计数器、设置变量和存放数据的内存指针(常用寄存器间接寻址方式)的初值、装入暂存单元的初值等。初始化部分是循环程序的重要环节。

(2) 工作部分：也称循环体。它是循环程序的核心部分，可完成循环程序所要实现的功能。

(3) 循环控制部分：包括修改变量、修改指针等，为下一次循环做准备；判断循环条件是否成立，决定是否继续循环。

(4) 结束处理部分：对循环结果进行分析或保存。

其中，初始化部分和结束处理部分(如果有的话)只执行一次，其他部分可执行多次。有时由于机器指令的功能较强，这几部分可以简化，有的部分可能隐含在其他部分中。

循环程序从执行循环的控制结构上分两种基本形式：

(1) "先执行，后判断"控制结构。这种结构的程序至少执行一次循环体，即进入循环后，先执行一次循环体，再判断循环是否结束。

(2) "先判断，后执行"控制结构。这种结构的特点是进入循环后，先判断循环条件，再根据判断结果决定是否执行循环体。如果进入循环就满足循环的结束条件，则循环体一次也不执行就退出循环。

循环结构的两种控制结构如图 2-3 所示。

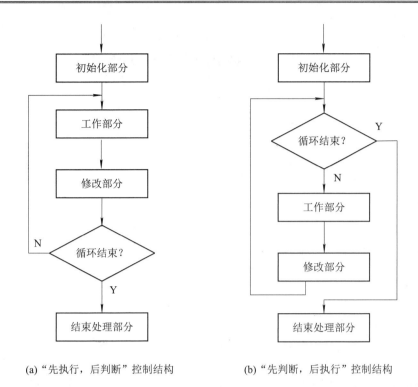

(a) "先执行，后判断" 控制结构　　　　(b) "先判断，后执行" 控制结构

图 2-3　循环结构示意图

4. 子程序

如果在一个程序中的多个地方或多个程序的多个地方用到同一段程序(这些程序段的功能和结构都相同，只是某些变量的赋值不同)，那么就可以将这段程序抽取出来存放在某一存储区间，当需要执行这段程序时，就转到这一特定存储区间去执行，执行完再返回原来的程序继续运行。这段被抽取出来的具有特定功能的程序段就称为子程序或过程，它相当于高级程序语言中的过程或函数。

调用子程序的程序称作主程序或调用程序；主程序向子程序转移的过程叫子程序调用或过程调用，也称转子；子程序执行完毕，返回主程序的过程称作子程序返回或过程返回，也称返主。主程序和子程序的关系图如图 2-4 所示。

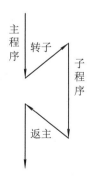

图 2-4　主程序与子程序关系图

2.2　输入/输出程序设计实验

一、实验目的

(1) 掌握部分 DOS 功能调用的使用方法。

(2) 熟悉伟福集成操作环境和操作方法。

二、预习要求

(1) 预习数据传输类指令的功能。

(2) 预习 DOS 功能调用相关内容。

三、实验原理

1. 数据传输类指令

数据传输类指令可以分成 4 种：通用数据传输指令、累加器专用传输(输入/输出数据传输)指令、目的地址传输指令和标志寄存器传输指令。

8086/8088 有 4 个通用数据传输指令，包括传送指令 MOV、进栈指令 PUSH、出栈指令 POP 和交换指令 XCHG。累加器专用传输指令包括输入指令 IN、输出指令 OUT 和换码指令 XLAT。目标地址传输指令包括 LEA(有效地址传输到寄存器)、LDS(装入一个新的物理地址)和 LES(装入一个新的物理地址)。标志寄存器传输指令包括 LAHF、SAHF、PUSHF 和 POPF。

2. DOS 功能调用

一个程序的执行往往要进行数据的输入/输出，这里说的输入是指从键盘上将数据送入寄存器或存储器中，而输出则是指将数据送到显示器或打印机。

DOS 系统为用户提供了一些可调用的子程序，用于完成标准外部设备(如 CRT 显示器、键盘、打印机、软盘、硬盘等)的输入/输出、文件和作业管理等功能。这些子程序用软中断 21H 进入，称为 DOS 功能调用。具体调用过程如下：

(1) 根据所调用功能的规定设置输入参数。

(2) 将要调用的功能的功能号送入 AH 寄存器。

(3) 用"INT 21H"指令转入子程序。

(4) 相应子程序执行完后，可按规定取得输出参数。

注意：第(1)步和第(4)步并不是每个功能的调用都需要的；当需要输入参数时，第(1)步和第(2)步的顺序可互换。

下面对汇编语言程序中最常使用的输入/输出类功能调用予以介绍。

1) 1 号功能调用

格式：MOV　AH, 1

　　　　INT　　21H

功能：执行 1 号系统功能调用时，系统等待键盘输入，一旦有键按下，系统先检查是否是 Ctrl+C 键，如果是则退出，否则将键入字符的 ASCII 码值存入 AL 寄存器中，并在屏幕上显示该字符。

2) 7 号功能调用

功能：也是从键盘键入一字符，与 1 号功能调用不同的是，不回显也不检查 Ctrl+C 键。

3) 8 号功能调用

功能：与 1 号功能调用类似，检查 Ctrl+C 键，但不回显。

4) 0AH 号功能调用

功能：将键盘输入的字符串的 ASCII 码写入特定内存缓冲区中。因此，必须事先定义一个输入缓冲区：① 缓冲区的第一个字节指出缓冲区能存放的字符个数 $x(0<x<255)$；② 第二个字节保留，以用作填写实际输入的字符个数(程序执行时由系统自动填写，不包括回车键)；③ 从第三个字节开始存放从键盘输入的字符串的 ASCII 码(以回车键表示字符串的结束)。

若实际输入的字符个数少于定义的字节数，则其余字节为零；若多于定义的字节数，则超出的字符将会丢失，且发出响铃，向操作者发出警告。

调用前，要求 DS:DX 指向输入缓冲区。调用后，DS:DX 仍指向输入缓冲区的第一个单元。

5) 2 号功能调用

功能：将以 ASCII 码形式存于 DL 寄存器中的字符在屏幕上显示出来。

6) 9 号功能调用

功能：将指定内存缓冲区中的字符串在屏幕上显示出来。它要求被显示的字符串必须以 "$" 字符作为结束符。调用时，要求 DS:DX 指向显示缓冲区的首地址。

四、实验内容及步骤

1. 实验 1：单字符输入/输出实验

1) 实验内容

要求从键盘输入两个 1 位十进制数，求两数之和且在屏幕上显示结果。

说明：从键盘上输入的字符，在计算机的寄存器或内存单元中是以字符对应的 ASCII 码(即二进制)存放的。因此，从键盘输入的数据并不是数据本身，要进行 ASCII 码到十六进制的转换。同样，计算结果输出在屏幕上，也得先将其数据转换成 ASCII 码。

2) 实验步骤

(1) 运行汇编仿真软件，按照实验要求，完成实验程序。

(2) 对实验程序进行编译、链接。

(3) 运行程序，观察实验结果。

参考程序：

```
CODE  SEGMENT
```

```
        ASSUME   CS:CODE
START:
        MOV   AH,1              ; DOS 调用输入第 1 个数
        INT   21H
        MOV   BL,AL             ; 保存输入的第 1 个数
        MOV   AH,1
        INT   21H
        ADD   AL,BL             ; 两个 ASCII 码相加
        AAA                     ; 调整加法结果为非压缩 BCD 数
        MOV   DL,AL
        ADD   DL,30H            ; 加法结果转换成 ASCII 码
        MOV   AH,2              ; DOS 调用输出到屏幕
        INT   21H
        MOV   AX,4C00H
        INT   21H
CODE    ENDS
        END   START
```

2. 实验 2：多字符输出实验

1) 实验内容

要求在屏幕上显示一串字符。

说明：字符定义使用 DB 伪指令，字符用单引号括起来。实验中的 0AH、0DH 为回车和换行符号的 ASCII 码。

2) 实验步骤

(1) 运行汇编仿真软件，按照实验要求，完成实验程序。

(2) 对实验程序进行编译、链接。

(3) 运行程序，观察实验结果。

参考程序：

```
DATA   SEGMENT
        BUFF   DB   'How do you do? ',0DH,0AH, '$'
DATA   ENDS
CODE   SEGMENT
        ASSUME   DS:DATA,CS:CODE
START:
        MOV    AX,DATA
        MOV    DS,AX
        LEA    DX,BUFF
        MOV    AH,9
        INT    21H
```

```
        MOV     AX,4C00H
        INT     21H
CODE   ENDS
        END    START
```

五、实验思考题

(1) 在 DOS 功能调用时，功能号应存放在什么地方？
(2) 编写程序，实现把键盘输入的以'$'结束的字符串在屏幕上显示出来。

2.3　数码转换类程序设计实验

一、实验目的

(1) 掌握数值的各种表达方式。
(2) 掌握不同进制数及编码相互转换的程序设计方法。

二、预习要求

(1) 预习码制变换的基本原理。
(2) 预习不同进制间相互转换的方法。
(3) 预习算术运算类指令的功能和编程注意事项。

三、实验原理

1. 数码转换关系

计算机输入设备输入的信息一般是由 ASCII 码或 BCD 码表示的数据或字符，CPU 一般用二进制数进行计算或进行其他信息处理，处理结果的输出又必须依照外设的要求转变为 ASCII 码、BCD 码等。因此，在应用软件中，各类数制的转换和代码的转换是必不可少的。表 2-1 列出了十进制数、二进制数、十六进制数和 BCD 码的转换关系。

表 2-1　数码转换对应关系表

十进制数(D)	二进制数(B)	十六进制数(H)	BCD 码
0	0000	0	0000
1	0001	1	0001
2	0010	2	0010
3	0011	3	0011
4	0100	4	0100
5	0101	5	0101
6	0110	6	0110

十进制数(D)	二进制数(B)	十六进制数(H)	BCD 码
7	0111	7	0111
8	1000	8	1000
9	1001	9	1001
10	1010	A	—
11	1011	B	—
12	1100	C	—
13	1101	D	—
14	1110	E	—
15	1111	F	—

任何信息在计算机内部都被转换成二进制编码。ASCII(美国标准信息交换码)是将数字、字母、通用符号、控制符号等，按国际上常用的一种标准二进制编码方式对其进行编码。表 2-2 给出了 ASCII 字符集。

表 2-2 ASCII 字符集

$D_3D_2D_1D_0$	$D_6D_5D_4$							
	000	001	010	011	100	101	110	111
0000	NUL	DLE	SP	0	@	P	、	p
0001	SOH	DC1	!	1	A	Q	a	q
0010	STX	DC2	"	2	B	R	b	r
0011	ETX	DC3	#	3	C	S	c	s
0100	EOT	DC4	$	4	D	T	d	t
0101	ENQ	NAK	%	5	E	U	e	u
0110	ACK	SYN	&	6	F	V	f	v
0111	BEL	ETB	'	7	G	W	g	w
1000	BS	CAN	(	8	H	X	h	x
1001	HT	EM	)	9	I	Y	i	y
1010	LF	SUB	*	:	J	Z	j	z
1011	VT	ESC	+	;	K	[	k	{
1100	FF	FS	,	<	L	\	l		
1101	CR	GS	−	=	M	]	m	}
1110	SO	RS	.	>	N	^	n	~
1111	SI	US	/	?	O	_	o	DEL

2. 算术运算类指令

8086/8088 有加、减、乘、除 4 种基本算术运算指令，可处理无符号数或带符号数的 8 位或 16 位二进制数。若是带符号数，则该符号数用补码表示。8086/8088 还提供了 BCD 调整指令，所以可处理 BCD 码数据。

算术运算类指令形式与功能如表 2-3 所示。

表 2-3   算术运算类指令集

类型	指 令 名 称	指令形式	指 令 功 能
算术加法指令	算术加法 ADD	ADD 目的，源	目的←目的+源
	带进位算术加法 ADC	ADC 目的，源	目的←目的+源+CF
	加 1 指令 INC	INC 目的	目的←目的+1
	对压缩 BCD 数加法操作的结果进行校正 DAA	DAA	对 AL 寄存器的内容进行十进制数调整
	对非压缩 BCD 数加法操作的结果进行校正 AAA	AAA	对 AL 寄存器的内容进行十进制数调整
算术减法指令	算术减法 SUB	SUB 目的，源	目的←目的-源
	带进位算术减法 SBB	SBB 目的，源	目的←目的-源-CF
	减 1 指令 DEC	DEC 目的	目的←目的-1
	对压缩 BCD 数减法操作的结果进行校正 DAS	DAS	对 AL 寄存器的内容进行十进制数调整
	对非压缩 BCD 数减法操作的结果进行校正 AAS	AAS	对 AL 寄存器的内容进行十进制数调整
	比较指令 CMP	CMP 目的，源	完成两个操作数相减
	取补指令 NEG	NEG 目的	目的←0-目的
算术乘法指令	无符号数乘法指令 MUL	MUL 源	完成两个操作数相乘
	带符号数乘法指令 IMUL	IMUL 源	完成两个操作数相乘
	非压缩 BCD 数乘法操作结果校正 AAM	AAM	完成两个非压缩 BCD 数乘法结果的十进制数调整
算术除法指令	无符号数除法指令 DIV	DIV 源	完成两个操作数相除
	带符号数除法指令 IDIV	IDIV 源	完成两个操作数相除
	带符号数字节扩展指令 CBW	CBW	将 AL 中的 8 位数扩展为 16 位数
	带符号数字扩展指令 CWD	CWD	将 AX 中的 16 位数扩展为 32 位数
	非压缩 BCD 数除法校正 AAD	AAD	将两个非压缩 BCD 数除法操作调整为二进制数除法操作

四、实验内容及步骤

1. 实验 1：十进制数到十六进制数转换实验

1) 实验内容

设在名字为 XBCD 数组中，存入 3 个扩展的 BCD 数 8、7、5，代表 3 位十进制数 578。编写程序，把此十进制数转换为十六进制数，并把结果存放在变量 YH 中。

说明：根据要求，$YH = 5 \times 100 + 7 \times 10 + 8$。首先取数组的第 3 位数，即百位数乘以 100 暂存于 DX 中；然后取数组的第 2 位数，即十位数乘以 10，将前两者相加存于 AX 中；最后取数组的第 1 位数，即个位数，与 AX 的内容相加得到最终结果，存入 YH 中。

2) 实验步骤

(1) 运行伟福 Lab8000 集成调试软件或汇编仿真软件，按照实验要求，完成实验程序。

(2) 对实验程序进行编译、链接。

(3) 运行程序，观察实验结果。

参考程序：

```
        DATA SEGMENT
            XBCD    DB  08,07,05            ; 设置 BCD 数
            YH      DW ?                    ; 转换结果存入 YH
        SST ENDS
        CODE SEGMENT
                ASSUME CS:CODE,DS:DATA
        START:  MOV  AX,DATA
                MOV DS,AX
                MOV   AL,XBCD+2             ; 取百位数
                MOV   BL,100
                MUL  BL                     ; 百位数乘 100
                MOV   DX,AX                 ; 结果暂存在 DX 中
                MOV   AL,XBCD+1             ; 取十位数
                MOV   BL,10
                MUL  BL                     ; 十位数乘 10
                ADD   AX,DX                 ; 十位数乘 10+百位数乘 100→AX
                ADD   AL,XBCD               ;  AX+XBCD→AX
                ADC   AH,0
                MOV   YH,AX
                MOV   AX,4C00H
                INT   21H
        CODE   ENDS
                END   START
```

2. 实验 2：二进制到 BCD 码转换实验

1) 实验内容

将二进制数转换为 BCD 码：要求将缓冲区中的二进制数 01111011B 转换成 BCD 码，并将转换结果存放在内存单元 Result 中。

二进制数转换为 BCD 码的方法为：首先，将给定的二进制数除以 100，得到 BCD 码的百位数，然后再将余数除以 10，则得到 BCD 码的十位数，剩下的余数则为 BCD 码的个位数，分别将它们保存到 Result 开始的 3 个单元中。

2) 实验步骤

(1) 运行伟福 Lab8000 集成调试软件或汇编仿真软件，按照实验要求，完成实验程序。

(2) 对实验程序进行编译、链接。

(3) 运行程序，观察实验结果。

参考程序：

```
DATA    SEGMENT                        ; 段定义语句，定义一个数据段
        RESULT DB 3 DUP(?)             ; 用来存放 BCD 码结果
DATA    ENDS
CODE    SEGMENT                        ; 定义一个代码段
        ASSUME CS:CODE,DS:DATA
START   PROC   NEAR                    ; 过程定义语句
        MOV    AX,DATA                 ; 把数据存放到数据段中
        MOV    DS,AX
        MOV    AX,01111011B            ; 定义需要被转换的二进制数
        MOV    CL,100
        DIV    CL
        MOV    RESULT,AL               ; 除以 100，得到百位数
        MOV    AL,AH
        MOV    AH,0
        MOV    CL,10
        DIV    CL
        MOV    RESULT+1,AL             ; 余数除以 10，得到十位数
        MOV    RESULT+2,AH             ; 余数为个位数
        MOV    AX,4C00H
        INT    21H
CODE    ENDS                           ; 代码段结束
        END    START                   ; 源程序结束
```

五、实验思考题

(1) 编程实现十六进制数到十进制数转换实验。

(2) 编程实现十进制数到二进制数转换实验。

2.4 运算类程序设计实验

一、实验目的

(1) 掌握运算类指令的编程及调试方法。

(2) 掌握运算类指令对各状态标志位的影响。

二、预习要求

(1) 预习运算类指令的功能和编程注意事项。

(2) 预习运算类指令对各状态标志位的影响。

三、实验原理

8086/8088 通过算术运算类指令和位操作指令来实现基本的运算类程序设计。上一节已经介绍过算术运算类指令，本节将介绍位操作指令。位操作指令包括逻辑运算指令和逻辑移位指令。

逻辑运算指令可以对字或字节进行逻辑运算，逻辑运算是按位操作的。该类指令包括逻辑非(求反)指令(NOT)、逻辑与指令(AND)、逻辑或指令(OR)、逻辑异或指令(XOR)和测试指令(TEST)。

8086 指令系统有 4 条移位指令：逻辑左移指令(SHL)、算术左移指令(SAL)、逻辑右移指令(SHR)和算术右移指令(SAR)。

8086 指令系统有 4 条循环移位指令：不带进位循环左移指令(ROL)、不带进位循环右移指令(ROR)、带进位循环左移指令(RCL)和带进位循环右移指令(RCR)。前两条循环移位指令只对目的操作数的内容进行循环移位，而后两条循环移位指令将标志位 CF 也包含在循环中，对目的操作数的内容和 CF 同时进行循环移位。

位操作指令的具体功能如表 2-4 所示。

表 2-4　位操作类指令集

类型	指 令 名 称	指令形式	指 令 功 能
逻辑运算指令	逻辑求反指令 NOT	NOT　目的	目的←目的取反
	逻辑与指令 AND	AND　目的，源	目的←目的和源相"与"
	逻辑或指令 OR	OR　目的，源	目的←目的和源相"或"
	逻辑异或指令 XOR	XOR　目的，源	目的←目的和源"异或"
	测试指令 TEST	TEST　目的，源	目的和源相"与"
逻辑移位指令	逻辑左移指令 SHL	SHL　目的，CL	左移 CL 次，移空位补 0
	算术左移指令 SAL	SAL　目的，CL	左移 CL 次，移空位补 0
	逻辑右移指令 SHR	SHR　目的，CL	右移 CL 次，移空位补 0
	算术右移指令 SAR	SAR　目的，CL	右移 CL 次，移空位由最高位补充
	不带进位循环左移指令 ROL	ROL　目的，CL	左移 CL 次，移空位由移出位补充
	不带进位循环右移指令 ROR	ROR　目的，CL	右移 CL 次，移空位由移出位补充
	带进位循环左移指令 RCL	RCL　目的，CL	左移 CL 次，移空位由 CF 位补充
	带进位循环右移指令 RCR	RCR　目的，CL	右移 CL 次，移空位由 CF 位补充

四、实验内容及步骤

1. 实验 1：加法运算实验

1）实验内容

有一个 100 个元素的 BCD 数组，编写程序对数组元素求和。

说明：本实验定义了一个数据段，段名为 DATA，段内定义了一个名为 XBCD 的数组，数组长度为 100，数组元素为两位的 BCD 数。段内还定义了一个变量 YBCD，用于存放数组元素的求和。指令"LEA   BX, XBCD"可以用指令"MOV   BX, OFFSET XBCD"代替。参与运算的数为 BCD 类型。由于 DAA 指令只能对 AL 进行调整，所以程序要采用以 AL 作为目的操作数的 8 位加法指令。

2）实验步骤

(1) 运行伟福 Lab8000 集成调试软件或汇编仿真软件，按照实验要求完成实验程序。

(2) 对实验程序进行编译、链接。

(3) 运行程序，观察实验结果。

参考程序：

```
        DATA   SEGMENT
                XBCD    DB   12H,34H,…, 98H      ; 定义 100 个 BCD 数
                YBCD    DW   ?                    ; 求和结果放在变量 YBCD 中
        DATA   ENDS
        CODE   SEGMENT
                ASSUME   CS:CODE,DS:DATA
START:          MOV    AX,DATA
                MOV    DS,DATA
                LEA    BX,XBCD                    ; 设置寄存器 BX 为数组 YBCD 地址指针
                MOV    CX,100                     ; 数组长度送给寄存器 CX
                MOV    AX,0                       ; 计算结果在 AX 中，初始值为 0
AGAIN:          ADD    AL,[BX]                    ; AL+一个数值元素→AL
                DAA                               ; 十进制调整
                XCHG   AL,AH                      ; AL 与 AH 交换
                ADC    AL,0                       ; AL+CF→AL
                DAA                               ; 十进制调整
                XCHG   AH,AL                      ; AL 与 AH 交换
                INC    BX                         ; 指针加 1
                LOOP   AGAIN                      ; 循环
                MOV    YBCD,AX                    ; 计算结果存入变量 YBCD 中
                MOV    AX,4C00H
                INT    21H
        CODE   ENDS
```

END　START

2. 实验2：逻辑移位实验

1) 实验内容

将 AX 中的内容按相反的顺序存入 BX 中。

说明：本实验中，利用移位指令中移出位进入 CF 标志位的特性，先把 AX 中最高位(左移)或最低位(右移)移至 CF，然后带进位移动 BX，若 AX 右移，则 BX 左移；反之亦然。本实验的结果是将 AX 中的 1234H 按相反顺序存入，故 BX 中的内容为 2C48H。

2) 实验步骤

(1) 运行伟福 Lab8000 集成调试软件或汇编仿真软件，按照实验要求，完成实验程序。

(2) 对实验程序进行编译、链接。

(3) 运行程序，观察实验结果。

参考程序：

```
CODE   SEGMENT
            ASSUME   CS:CODE
START:   MOV   AX,1234H
            MOV   CX,16
AA1:      SHL   AX,1              ; 移出的位进到 CF
            RCR   BX,1              ; AX 中移出的位进入 BX
            LOOP AA1
            MOV   AX,4C00H
            INT   21H
CODE   ENDS
            END   START
```

五、实验思考题

(1) 只使用移位、加法和通用传送指令，实现对 AL 寄存器中无符号数乘以 12 的操作，编写代码，完成上述功能。

(2) 使用 2 个字节存放非组合 BCD 码，其可表示的十进制数范围是多少？若存放的是组合 BCD 码，则其可表示的十进制数范围是多少？

(3) 编写程序，使用移位指令，实现把十进制数 48 乘以 2。

2.5　分支与循环程序设计实验

一、实验目的

(1) 掌握分支程序的结构和设计方法。

(2) 掌握循环程序的结构和设计方法。

二、预习要求

(1) 预习分支和循环结构程序设计相关内容。
(2) 预习标志寄存器和条件转移类指令功能。

三、实验原理

1. 标志寄存器

8086CPU 设置了一个 16 位标志寄存器(FR)，如图 2-5 所示。其中规定了 9 个标志位，用来存放运算结果特征和控制 CPU 操作。

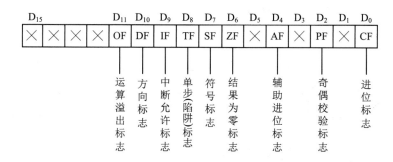

图 2-5　8086 微处理器的标志寄存器

标志寄存器(FR)中存放的 9 个标志位可以分成两类。一类叫状态标志，用来表示运算结果的特征，它们是 CF、PF、AF、ZF、SF 和 OF；另一类叫控制标志，用来控制 CPU 的操作，它们是 IF、DF 和 TF。

(1) 进位标志位 CF：算术运算指令执行之后，运算结果最高位(字节运算时为第 7 位，字运算时为第 15 位)若产生进位(加法时)或借位(减法时)，则 CF = 1；否则，CF = 0。

(2) 奇偶校验标志位 PF：运算指令执行后，如果运算结果的低 8 位中 "1" 的个数为偶数，则 PF = 1；否则，PF = 0。

(3) 辅助进位标志位 AF：加法运算过程中，若第 3 位有进位，或者减法过程中，第 3 位有借位，则 AF = 1；否则，AF = 0。

(4) 结果为零标志位 ZF：运算指令执行之后，若结果为 "0"，则 ZF = 1；否则，ZF = 0。

(5) 符号标志位 SF：它和运算结果的最高位相同。在有符号运算时最高位表示符号，若 SF = 1，则运算结果为负数；若 SF = 0，则运算结果为正数。

(6) 运算溢出标志位 OF：若本次运算结果有溢出，则 OF = 1；否则，OF = 0。OF = CF ⊕ CD，CF 为进位标志位，CD 表示次最高位(即数值的最高位)的进借位，若有进借位，CD = 1；否则，CD = 0。

(7) 中断允许标志位 IF：该标志位可用于控制 CPU 是否接受可屏蔽的中断请求，IF = 1，可接受中断；IF = 0，中断被屏蔽，CPU 不接受中断。该标志位可用指令置位和复位。

(8) 方向标志位 DF：该标志位用于指定字符串处理指令的步进方向。当 DF = 1 时，字符串处理指令以步进方式由高地址向低地址进行；当 DF = 0 时，则相反。该标志位可用指令置位或者清零。

(9) 单步(陷阱)标志位 TF：TF = 1，CPU 处于单步工作方式，此时 CPU 每执行完一条指令就自动产生一次内部中断，单步中断用于程序调试过程中。

2. 程序控制类指令

程序控制类指令分为无条件转移指令(JMP)、有条件转移指令、循环控制转移指令(LOOP、LOOPZ/LOOPE、LOOPNZ/LOOPNE、JCXZ)、子程序调用指令(CALL)、子程序返回指令(RET)、中断指令(INT n、INT0)和中断返回指令(IRET)。

条件转移指令的格式都是在助记符后面直接跟一个转移目标地址。具体功能如表 2-5 所示。

表 2-5　条件转移指令功能表

助 记 符	转 移 条 件	结 果 说 明
JE/JZ	ZF = 1	等于零(相等)
JNE/JNZ	ZF = 0	不等于零(不相等)
JS	SF = 1	符号为负
JNS	SF = 0	符号为正
JO	OF = 1	有溢出
JNO	OF = 0	无溢出
JP/JPE	PF = 1	"1" 的个数为偶数
JNP/JPO	PF = 0	"1" 的个数为奇数
JC/JB/JNAE	CF = 1	进位/低于/不高于等于
JNC/JNB/JAE	CF = 0	无进位/不低于/高于等于
JBE/JNA	CF = 1 或 ZF = 1	低于等于/不高于
JNBE/JA	CF = 0 且 ZF = 0	不低于等于/高于
JL/JNGE	SF≠OF	小于/不大于等于
JNL/JGE	SF = OF	不小于/大于等于
JLE/JNG	ZF≠OF 或 ZF = 1	小于等于/不大于
JNLE/JG	SF≠OF 且 ZF = 1	不小于等于/大于

3. 串处理指令

串处理指令是针对存储器操作，其共同点如下：

(1) 指令有特殊的寻址方式，规定源操作数的逻辑地址由 DS:SI 给出，目的操作数的逻辑地址由 ES:DI 给出。

(2) 由于存储单元有字型数据和字节型数据，故指令的助记符则有 W 或 B 之分。

(3) 使用这类指令，存储单元的地址指针是自动移动的，由 DF 标志控制指针的移动方向：DF=0，地址往增加方向移动；DF = 1，地址往减小方向移动。

(4) 串的长度由 CX 给定。

(5) 这类指令前一般可以使用指令前缀。

(6) 这类指令后不带操作数，操作数在此指令前给定。

串处理指令包括：串传输指令 MOVSB 或 MOVSW、串比较指令 CMPSB 或 CMPSW、串搜索指令 SCASB 或 SCASW、串装入指令 LDSB 或 LDSW、串存储指令 STOSB 或 STOSW 和指令前缀(REP、REPZ/REPE、REPNZ/REPNE)。

四、实验内容及步骤

1. 实验 1：数据分类实验

1) 实验内容

将 BLOCK 内存区的带符号字节型数据按正数、负数分开，并分别存入 BUFF1 和 BUFF2 中。

说明：在串指令中，目的地址指针要用 ES:DI。由于本实验中有两个目的地址，而寄存器 DI 仅有一个，故采用 XCHG 交换指令。本实验是一个标准的二分支程序(只考虑正、负)，使用 JMP 指令实现无条件跳转。

2) 实验步骤

(1) 运行伟福 Lab8000 集成调试软件或汇编仿真软件，按照实验要求，完成实验程序。

(2) 对实验程序进行编译、链接。

(3) 运行程序，观察运行结果。

参考程序：

```
        DATA    SEGMENT
                        BLOCK   DB    60    DUP(?)
                        BUFF1   DB    60    DUP(?)
                        BUFF2   DB    60    DUP(?)
        DATA    ENDS
        CODE    SEGMENT
                        ASSUME   CS:CODE,DS:DATA
        START:  MOV     AX,DATA
                        MOV     DS,AX
                        MOV     ES,AX
                        LEA     SI,BLOCK            ; 数据区
                        LEA     DI,BUFF1            ; 正数缓冲区
                        LEA     BX,BUFF2            ; 负数缓冲区
                        MOV     CX,60
                        CLD
        LOP:    LODSB                              ; 将 SI 指示的源数据取到 AL
                        TEST    AL,80H             ; 测数据的最高位
                        JNZ     FU                 ; 测试结果不为 0，即负数
                        STOSB                      ; 否则，存入正数区
                        JMP     AGAIN
```

```
FU:        XCHG   BX,DI              ；交换目的地址
           STOSB
           XCHG   BX,DI              ；还原目的地址
AGAIN:     LOOP   LOP
           MOV    AX,4C00H
           INT    21H
CODE       ENDS
           END    START
```

2. 实验 2：数据排序实验

1) 实验内容

给出一组随机数，将此组数据按从小到大排序，使之成为有序数列。

说明：可采用"冒泡"法排序，从小到大排序的算法是将一个数与后面的数相比较，如果比后面的数大，则交换，如此将所有的数比较一遍后，最大的数就会在数列的最后面。再进行下一轮比较，找出第二大数据，直到全部数据有序。

2) 实验步骤

(1) 运行伟福 Lab8000 集成调试软件或汇编仿真软件，按照实验要求，完成实验程序。

(2) 对实验程序进行编译、链接。

(3) 运行程序，观察运行结果。

参考程序：

```
           LEN    EQU   10                  ；定义数据段长度为10
DATA       SEGMENT
           ARRAY  DB 5,2,1,0,2,3,8,6,5,9    ；定义一组数据
           CHANGE DB 0
DATA       ENDS
CODE       SEGMENT
           ASSUME CS:CODE,DS:DATA
START      PROC   NEAR
           MOV    AX,DATA
           MOV    DS,AX
SORT:
           MOV    BX,OFFSET ARRAY          ；把数据段 ARRAY 的起始地址给 BX
           MOV    CX,LEN-1                  ；循环次数9次
           MOV    CHANGE,0
GOON:
           MOV    AL,BYTE PTR [BX]          ；把第一个数据给 AL
           INC    BX                        ；BX 指向下一个数据
           CMP    AL,BYTE PTR [BX]          ；两个数据进行比较
           JNG    NEXT                      ；前小后大，不交换(不大于转移)
```

```
        MOV    CHANGE,1              ; 前大后小，置交换标志
        MOV    AH,[BX]              ; 后一个数据暂时给 AH
        MOV    [BX],AL             ; 交换(把原来前一个数据放到后面)
        MOV    [BX-1],AH           ; 把原来后一个数据放到前面
NEXT:
        LOOP   GOON
        CMP    CHANGE,0            ; 比较指令 CMP
        JNE    SORT                ; ZF 为 0 则转移，进入下一轮比较
        MOV    AX,4C00H
        INT    21H
CODE    ENDS
        END    START
```

3. 实验3：字母转换实验

1) 实验内容

编程将以'$'结束的字符串中的小写字母改为大写字母。

说明：根据表 2-3 所示的 ASCII 字符集可知，大小写字母的二进制表示 ASCII 码仅有 D5 位不同，即小写字母比大写字母的 ASCII 码大 20H。编程中判断每一个字符是否为小写字母，如果是，则将该字符与 20H 相减，即得相应的大写字母，依次循环，检测到'$'结束。

2) 实验步骤

(1) 运行伟福 Lab8000 集成调试软件或汇编仿真软件，按照实验要求完成实验程序。

(2) 对实验程序进行编译、链接。

(3) 运行程序，观察运行结果。

参考程序：

```
DATA    SEGMENT
            STR    DB    'HELLO,EVERYBODY!', '$'
DATA    ENDS
CODE    SEGMENT
            ASSUME    CS:CODE,DS:DATA
START:  MOV    AX,DATA
        MOV    DS,AX
        LEA    BX,STR              ; 目标地址传输指令，把串首地址给 BX 寄存器
A1:     MOV    AL,[BX]            ; 把第一个字符给 AL
        CMP    AL, '$'             ; 与'$'比较
        JE     DONE                ; ZF 标志为 1 则转移，是'$'则结束
        CMP    AL, 'A'             ; 与'A'比较
        JB     NEXT                ; 低于则转移，为大写字母
        CMP    AL, 'Z'             ; 与'Z'比较
        JG     NEXT                ; 高于则转移，不是字母
```

```
              SUB   AL,20H              ; 将小写字母改为大写字母
              MOV   [BX],AL             ; 把大写字母送回字符串中
    NEXT:     INC   BX                  ; 指向下一个字符
              JMP   A1
    DONE:     MOV   AX,4C00H
              INT   21H
    CODE  ENDS
              END   START
```

五、实验思考题

(1) 修改实验 2 的程序，使数据按从大到小的顺序排列。

(2) 修改实验 3 的程序，实现将字符串中的大写字母改为小写字母。

(3) 编写程序，实现将一串混乱的字母按从小到大的顺序排列。

2.6 子程序设计实验

一、实验目的

(1) 掌握子程序的定义及调用方法。

(2) 掌握子程序、嵌套子程序和递归子程序的结构。

二、预习要求

(1) 预习子程序之间参数传递的 3 种方法以及它们之间的区别。

(2) 预习子程序功能实现的过程。

三、实验原理

在程序设计的实际应用中，子程序设计可以节省存储空间、减少程序设计所花费的时间，并提供模块化程序设计的条件，也便于程序的调试及修改等。

1. 参数传递方式

主程序在调用子程序时，经常需要传送一些参数给子程序，这些参数称为子程序的输入参数；子程序在执行完后也经常要回送一些信息给主程序，这些信息称为子程序的输出参数。这种主程序与子程序之间的信息传送称为参数传递。参数传递的方式通常有以下 3 种：

(1) 用寄存器传递参数：这种方法以 CPU 的寄存器作为传递媒介，完成参数的传递。它使用方便，传递速度快，但因为寄存器数量有限，所以此方法仅适合于传递参数个数较少的情况。

(2) 用堆栈传递参数：主程序和子程序在同一堆栈中存放参数，根据存取的需要，调节出入栈顺序，达到传递参数的目的。

(3) 通过存储单元传递参数：与用堆栈传递参数类似，主程序与子程序共同开辟一个数据区，按照预先规定的规则存取参数。这种方法也适合参数较多的情况。

有时也可用几种方法的组合进行参数传递。

2. 寄存器的保护和恢复

保护现场和恢复现场的工作可以在子程序中完成，也可在主程序中完成，但一般是采用在子程序中进行的方法：在子程序一开始就保护子程序将要使用的寄存器的内容，在子程序执行返回指令前恢复被保护的寄存器的状态。

3. 子程序的嵌套与递归调用

一个子程序也可以作为主程序去调用另一个子程序，这种情况称为子程序的嵌套。每次调用子程序都要利用堆栈进行断点保护和现场保护，故只要堆栈空间允许，子程序的嵌套层次就不受限制。子程序嵌套示意图如图 2-6 所示。另一方面，子程序本身也可以调用自己，称为子程序的递归调用。这样的子程序称为递归子程序，对应于数学上对函数的递归定义。

图 2-6   子程序嵌套示意图

4. 子程序的说明文件

子程序的说明文件以注释的方式写在子程序的开头，一般应包括以下几项内容：

(1) 子程序名：一般取具有象征意义的标识符。

(2) 子程序的功能：说明子程序完成的具体任务。

(3) 子程序的输入参数：说明子程序运行时所需的参数及存放位置。

(4) 子程序的输出参数：说明子程序运行完毕的结果参数及存放位置。

(5) 子程序占用寄存器、存储单元情况(未保护部分)。

(6) 子程序嵌套情况。

(7) 调用示例。

四、实验内容及步骤

1. 实验 1：乘法运算实验

1) 实验内容

用子程序结构编写寄存器 AX 内容乘 10，结果仍存放在 AX 中。

说明：① 该程序只用了代码段，未用数据段，所以程序只对代码段进行了定义。② 主程序对 AX 进行赋值，然后调用子程序 MUL10 对 AX 内容进行乘 10 的操作。③ 子程序

MUL10 包括 5 部分：子程序功能说明、入口和出口参数说明、保护现场、实现具体操作的功能段程序及恢复现场。一个标准的子程序都应该具备这 5 部分。④ 由于子程序使用了加法指令，它将影响标志寄存器；程序中还使用了 BX 作为中间变量，所以在子程序保护现场部分，用 PUSH 指令把标志寄存器和 BX 推入堆栈，完成对这两个寄存器的现场保护。⑤ 在功能程序段中，利用加法指令先后完成了 2 倍 XX 的操作和 8 倍 XX 的操作，然后把 2XX 和 8XX 相加实现了 10XX。⑥ 在恢复现场部分，用 POP 指令从堆栈中推出两个数，分别送给 BX 和标志寄存器，完成了恢复现场的操作。要注意的是，现场恢复过程是按照先进后出的操作顺序进行的。

2) 实验步骤

(1) 运行伟福 Lab8000 集成调试软件或汇编仿真软件，按照实验要求，完成实验程序。

(2) 对实验程序进行编译、链接。

(3) 运行程序，观察实验结果。

参考程序：

```
            XX    EQU   1000
    CODE   SEGMENT
            ASSUME   CS:CODE
START:   MOV    AX,XX      ; 把 AX 赋值为 1000 = 03E8H
         CALL   MUL10      ; 调用把 AX 内容乘 10 子程序
         MOV    AX,4C00H
         INT    21H
MUL10   PROC               ; 一个把 AX 乘 10 子程序，入口参数是 AX，出口参数是 AX
         PUSHF             ; 保护现场，保护标志寄存器和 BX
         PUSH   BX
                           ; 下面是功能程序段，实现 10×AX→AX
         ADD    AX,AX      ; 2XX→AX
         MOV    BX,AX      ; 2XX→BX
         ADD    AX,AX      ; 4XX→AX
         ADD    AX,AX      ; 8XX→AX
         ADD    AX,BX      ; 8XX+2XX→AX
         POP    BX         ; 恢复现场
         POPF
         RET
MUL10   ENDP
CODE   ENDS
            END   START
```

2. 实验 2：统计实验

1) 实验内容

用子程序结构编写程序统计 BX 和 DX 中 1 的个数，结果分别存放在 CL 和 CH 中。

　　说明：本实验利用子程序 COUNT 统计了两个寄存器 BX 和 DX 中 1 的个数；COUNT 子程序开始的注释中给出了 COUNT 子程序的功能和入口出口参数；由于子程序使用了寄存器 CX 和标志寄存器，所以子程序对这两个寄存器进行了保护；另外，由于子程序使用了循环右移指令，16 次逐位移动后，寄存器 BX 内容不变，所以子程序不必对 BX 进行入栈和出栈的保护。

　　2) 实验步骤

　　(1) 运行伟福 Lab8000 集成调试软件或汇编仿真软件，按照实验要求，完成实验程序。

　　(2) 对实验程序进行编译、链接。

　　(3) 运行程序，观察实验结果。

参考程序：

```
    CODE    SEGMENT
        ASSUME   CS:CODE
    START:
            MOV    BX,1234H          ; 设置子程序入口参数
            CALL   COUNT             ; 统计 BX 中 1 的个数
            MOV    CL,AL
            MOV    DX,8432H
            MOV    BX,DX             ; 把 DX 内容传送给 BX，设置子程序入口参数
            CALL   COUNT             ; 统计 DX 中 1 的个数
            MOV    CH,AL
            MOV    AX,4C00H
            INT    21H
                                     ; 子程序 COUNT 的功能是统计 BX 中 1 的个数
    COUNT   PROC                     ; 入口参数为 BX，出口参数为 AL
            PUSH   CX                ; 保护 CX
            PUSHF                    ; 保护标志寄存器
            MOV    AL,0              ; 寄存器 AL 清零
    COUNT1:
            ROR    BX,1              ; 循环右移 BX，移出位进入进位标志 CF
            JNC    COUNT2            ; 检测 CF
            INC    AL                ; CF 为 1，AL 加 1
    COUNT2:
            LOOP   COUNT1            ; 循环
            POPF                     ; 恢复标志寄存器
            POP    CX                ; 恢复 CX
            RET
    COUNT   ENDP                     ; 子程序结束
    CODE    ENDS
```

　　　　END　START

五、实验思考题

　　(1) 简述嵌套调用和递归调用的不同。

　　(2) 通常在什么情况下要用到带立即数的子程序返回？

　　(3) 编程实现某数据区中无符号数据最大值和最小值的差的运算，结果送入 RESULT 字单元。要求最大值和最小值分别用子程序计算。

第 3 章 微机接口技术及其应用实验

3.1 8086/8088 硬件基础实验

3.1.1 8255 并行接口实验

一、实验目的

(1) 掌握 8255 的工作方式及其应用。

(2) 掌握 8255 典型应用实验方法。

二、预习要求

(1) 预习 8255 并行接口的工作原理和初始化方法。

(2) 预习 8255 的 3 种工作方式以及各自的特点。

三、实验原理

1. 可编程并行接口芯片 8255A 内部结构

8255A 是一种通用的可编程并行 I/O 接口芯片，其内部结构框图如图 3-1 所示。

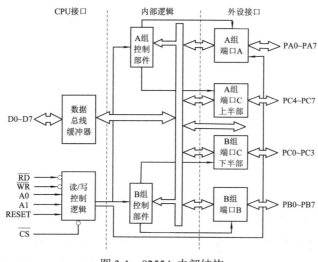

图 3-1 8255A 内部结构

1) 并行输入/输出端口

8255A 芯片中包含 3 个 8 位端口：A 口、B 口和 C 口。这 3 个端口均可作为 CPU 与外设通信时的缓冲器或锁存器，一般来说，它们作为缓冲器使用时就是输入接口，作为锁存器使用时就是输出接口。

2) A 组和 B 组控制

8255A 有 3 个端口，但不是每个端口都有自己独立的控制部件。实际上，它只有两个控制部件，这样 8255A 内部的 3 个端口就分为两组。A 组由 A 口和 C 口的高 4 位组成，B 组由 B 口和 C 口的低 4 位组成。

3) 数据总线缓冲器

双向三态的 8 位数据缓冲器实现 8255A 与 CPU 之间的数据传输接口，数据总线缓冲器是 CPU 与 8255A 交换信息的必经之路。

4) 读/写控制电路

8255A 的读/写控制电路接收来自 CPU 的控制命令，并根据命令向片内各功能部件发出操作命令。端口选择控制则由 A1 和 A0 的组合状态提供，由这两个控制信号可提供 4 个端口地址，即 A、B、C 3 个端口地址及 1 个控制端口地址。

2. 8255A 的引脚分配

8255A 是一个标准的 40 引脚芯片(如图 3-2 所示)，可分为 3 部分：与外设连接的 I/O 线、与 CPU 连接的系统总线以及电源线。

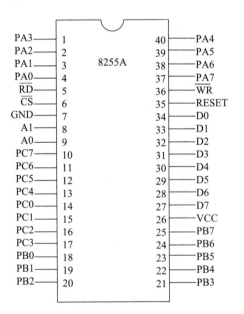

图 3-2　8255A 引脚分布

1) 与外设连接的引脚

8255A 有 3 个数据端口，每个端口 8 位，由此推算，与外设相连的引脚共有 24 位。其中 A 口有 8 个 I/O 引脚(PA7～PA0)，B 口有 8 个 I/O 引脚(PB7～PB0)，C 口有 8 个 I/O

引脚(PC7～PC0)。特别对于 PC7～PC0，其中可有若干根复用线用于"联络"信号或状态信号，其具体定义与端口的工作方式有关。

2) 与 CPU 连接的引脚

与 CPU 连接的引脚包括数据线 D7～D0、读写控制 $\overline{RD}$ 和 $\overline{WR}$、复位线 RESET，以及与 CPU 地址线相连接的片选信号 $\overline{CS}$、端口地址控制线 A0 和 A1。

A0、A1 的组合状态如表 3-1 所示，可以选择 8255A 的 3 个 I/O 端口和控制口。它们一般由 CPU 的低位地址线直接产生。

表 3-1 A0、A1 的组合与端口关系

A1 A0	端 口
0 0	A 口地址
0 1	B 口地址
1 0	C 口地址
1 1	控制口

3) 电源线和地线

8255A 的电源引脚为 VCC 和 GND。VCC 为电源线，一般取+5 V。GND 为地线。

3. 8255A 的工作方式及应用

1) 8255A 的工作方式

8255A 有 3 种工作方式：方式 0——基本输入/输出方式，方式 1——选通输入/输出方式，方式 2——双向传输方式。

方式 0 主要工作在无条件的输入/输出方式下，不需要"联络"信号。A 口、B 口和 C 口均可工作在此方式下。在方式 0 下，C 口的输出位可由用户直接独立设置为"0"或"1"。

方式 1 主要工作在异步或条件传输方式(必须先检查状态，然后才能传输数据)下。此时，仅有 A 口和 B 口可工作于方式 1。由于条件传输需要联络线，所以在方式 1 下 C 口的某些位分别为 A 口和 B 口提供 3 根联络线。

方式 2 的双向传输方式是指在同一端口内分时进行输入/输出的操作。8255A 中只有 A 口可工作在这种方式下，此时需要 5 个控制信号进行"联络"，这 5 个信号由 C 口提供，故此时 B 口只能工作在方式 0 或方式 1 下。当 B 口工作在方式 1 下时，又需要 3 根联络线。因此，当 A 口工作在方式 2 下，同时 B 口又工作在方式 1 下时，8255A 的 C 口 8 根线将全部作为联络线使用，C 口也就因没有 I/O 功能而"消失"了。

2) 8255A 编程

8255A 有两个控制字：工作方式控制字和对 C 口按位置位/复位控制字。

工作方式控制字用来设置 A 组、B 组的工作方式及 A、B、C 3 个端口的输入/输出状态。其具体格式如图 3-3 所示。

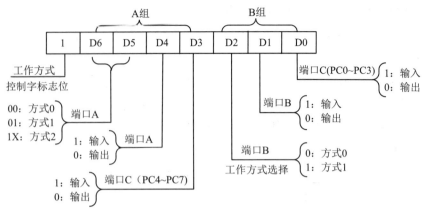

图 3-3　8255A 工作方式控制字

8255A 控制字格式中 D7 用于区分 8255A 的两种控制字。当 D7＝1 时为工作方式控制字；D7＝0 时为 C 口按位置位/复位控制字。只要 CPU 对 8255A 送入方式控制字就可以决定 A 口、B 口、C 口的工作方式及相应的操作功能。这种对可编程接口电路送入控制字，从而设定接口功能的程序称为"接口初始化程序"。

C 口按位置位/复位控制字用来对 C 口某一位置位(输出高电平)或复位(输出低电平)。其格式如图 3-4 所示。控制字的 D0 用于设定是置位或复位操作，但究竟对 C 口的哪一位进行操作，则由控制位中的 D1、D2、D3 决定。当 A 口工作于方式 1、方式 2 或 B 口工作于方式 1 时，对 C 口按位置位/复位控制字还可用于将 A 口或 B 口中中断允许触发位 INTE 置"0"或置"1"，为中断禁止/开放之用。

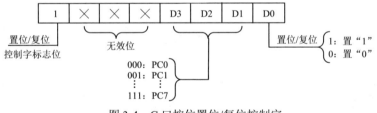

图 3-4　C 口按位置位/复位控制字

四、实验内容及步骤

实验 1：基本输入/输出实验

1. 实验内容

编写程序，完成拨动开关到数据灯的数据传输。通过 8 位开关分别控制对应的 LED 灯点亮或者熄灭。

说明：本实验设置 8255 的端口 A 作为输出口，工作在方式 0；端口 B 作为输入口，也工作在方式 0。使用实验箱上的一组开关信号(K0～K7)接入端口 B，端口 A 输出线接至一组数据灯(LED0～LED7)上作为输出显示端，然后通过对 8255 芯片编程来实现基本输入/输出功能，即当开关 K 向上或向下拨动时，对应的 LED 灯将被点亮或者熄灭。

2. 实验步骤

(1) 实验接线如图 3-5 所示，8255 的 $\overline{\text{CS}}$ 接地址译码 CS0，则 PA 口地址为 8000H，PB

口地址为 8001H，PC 口地址为 8002H，命令字地址为 8003H。PA 口的 PA0～PA7 接 LED 灯的 LED0～LED7，PB 口的 PB0～PB7 接开关信号 K0～K7。数据线、读/写控制、地址线、复位信号线实验箱内部已接好，不需要再连。按图所示连接实验箱。

(2) 运行伟福 Lab8000 集成调试软件，按照实验要求，完成实验程序，然后编译、链接。

(3) 运行程序，改变开关状态，同时观察 LED 灯的显示，验证程序功能。

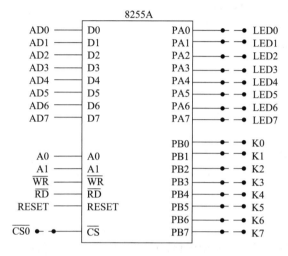

图 3-5　8255 基本输入/输出实验接线图

参考程序：

```
MODE    EQU   082H              ; 工作方式 0，A 口和 C 口输出，B 口输入
PORTA   EQU   8000H             ; PA 口地址
PORTB   EQU   8001H             ; PB 口地址
PORTC   EQU   8002H             ; PC 口地址
CADDR   EQU   8003H             ; 控制字地址
CODE        SEGMENT
            ASSUME  CS:CODE
START   PROC    NEAR
START:
        MOV     AL, MODE        ; 初始化 8255 工作方式
        MOV     DX,
        OUT     DX, AL          ; 输出控制字
        MOV     DX, PORTB       ; 读 B 口开关状态
        IN      AL, DX
        MOV     DX, PORTA       ; 将开关状态输出到 A 口显示
        OUT     DX, AL
        MOV     AH, 200
        CALL    DELAY           ; 延时
        JMP     START           ; 循环
```

```
          ENDP
DELAY     PROC      NEAR
          PUSH      AX
          MOV       AL, 0
          PUSH      CX
          MOV       CX, AX
          LOOP      $
          POP       CX
          POP       AX
          RET
DELAY     ENDP
CODE      ENDS
          END START
```

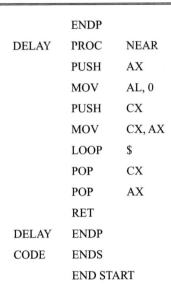

实验 2：流水灯显示实验

1. 实验内容

编写程序，使数据灯循环显示，实现流水灯显示效果。

说明：设置 8255 的端口 C 作为输出口，工作在方式 0。端口 C 输出线接至数据灯(LED0～LED7)上作为输出显示端。当程序运行时，数据灯 LED0～LED7 由左向右，每次仅亮一个灯，循环显示。

2. 实验步骤

(1) 实验接线如图 3-6 所示，8255 的 $\overline{CS}$ 接地址译码 $\overline{CS0}$，PC 口的 PC0～PC7 接 LED 灯的 LED0～LED7。数据线、读/写控制、地址线、复位信号线实验箱内部已接好，不需要再连。按图所示连接实验箱。

(2) 运行伟福 Lab8000 集成调试软件，按照实验要求，完成实验程序，然后编译、链接。

(3) 运行程序，观察 LED 灯的显示，验证程序功能。

(4) 改变程序，实现流水灯从右向左循环显示。

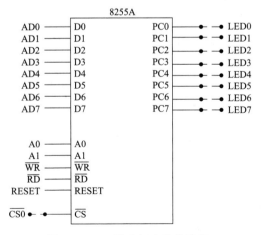

图 3-6　8255 流水灯实验接线图

参考程序：

	MODE	EQU	90H	; 工作方式 0，B 口和 C 口输出，A 口输入
	PORTA	EQU	8000H	; PA 口地址
	PORTB	EQU	8001H	; PB 口地址
	PORTC	EQU	8002H	; PC 口地址
	CADDR	EQU	8003H	; 控制字地址
	CODE	SEGMENT		
		ASSUME CS:CODE		
	START	PROC	NEAR	
	START:			
		MOV	AL, MODE	; 初始化 8255 工作方式
		MOV	DX,	
		OUT	DX, AL	; 输出控制字
		MOV	AL, 80H	; 初始化 LED 灯状态
		MOV	CX, 08H	; 设置循环次数为 8 次
	OUTC:			
		MOV	DX, PORTC	
		OUT	DX, AL	; 输出 PORTC 显示 LED 灯状态
		SHR	AL, 1	; 将 LED 灯的状态右移一位
		MOV	AH, 100	
		CALL	DELAY	; 延时
		LOOP	OUTC	; 循环点亮下一个灯
	JMP	START		
		ENDP		
	DELAY	PROC	NEAR	
		PUSH	AX	
		MOV	AL, 0	
		PUSH	CX	
		MOV	CX, AX	
		LOOP	$	
		POP	CX	
		POP	AX	
		RET		
	DELAY	ENDP		
	CODE	ENDS		
		END START		

五、实验思考题

(1) 可编程并行接口芯片 8255 的 C 端口有哪些使用特点？

(2) 8255A 端口与外设之间的单向和双向传送是指什么？3 个并口中哪个并口具有双向传送功能？

(3) 试编写程序实现以下功能：当开关 K0 向上拨动时，8 个 LED 灯奇偶交替点亮；当开关 K0 向下拨动时，8 个 LED 灯全部熄灭。

3.1.2　8253 定时器/计数器实验

一、实验目的

(1) 掌握 8253 的工作方式及其应用编程。
(2) 掌握 8253 作为定时器或计数器的功能实现方法。

二、预习要求

(1) 预习 8253 的 6 种工作方式以及各自的特点。
(2) 预习 8253 的初始化编程。

三、实验原理

1. 可编程定时器/计数器接口芯片 8253 内部结构

8253 内部结构框图如图 3-7 所示。

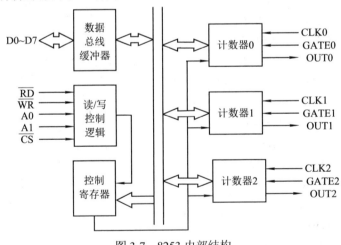

图 3-7　8253 内部结构

1) 计数通道

8253 芯片中包含 3 个功能完全相同的计数通道，称为通道 0、通道 1 和通道 2。这 3 个通道与外部电路相连的信号线有 3 根：CLK、GATE 和 OUT。CLK 是计数器的脉冲输入端，GATE 是计数器的门控信号，OUT 是计数器的输出信号，一般与计数溢出有关。

2) 通道控制寄存器

虽然 8253 有 3 个计数通道，但只有 1 个通道控制寄存器。CPU 通过对控制寄存器的读/写，可以分别对 3 个计数通道的工作方式进行设置。通道控制寄存器只能写不能读。

3) 数据总线缓冲器

数据总线缓冲器是双向三态的 8 位数据缓冲器，实现 8253 与 CPU 之间的数据接口。

4) 读/写控制电路

读信号 $\overline{RD}$ 和写信号 $\overline{WR}$ 由 CPU 提供，低电平有效。当 $\overline{RD}$ 有效时，CPU 可以根据要求读取 3 个通道中的指定通道的计数器值；当 $\overline{WR}$ 信号有效时，CPU 将计数值或命令字写入计数器或控制字寄存器中。

2. 8253 的引脚分配

8253 是一个标准的 24 引脚芯片，分为 3 部分(如图 3-8 所示)：与外设相连的通道引脚、与 CPU 相连的系统总线以及电源线。

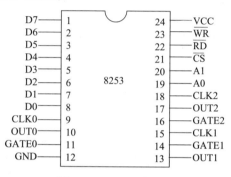

图 3-8　8253 引脚分布

1) 通道引脚

8253 有 3 个通道，每个通道有 3 条信号线，因此与外设相联系的引脚有 3 组 9 根。

(1) CLKn：通道 n 的脉冲输入引脚，外部事件或定时脉冲由这些引脚输入。

(2) OUTn：通道 n 的输出引脚，当计数值减到 0 时，在 OUT 引脚上输出，输出波形取决于 8253 通道的工作方式。

(3) GATEn：门控信号输入引脚，这是控制计数器工作的一个外部信号。当 GATE 引脚上输入低电平时，通常是禁止计数器工作的。

n 表示通道序号，可以取 0、1、2。

2) 与 CPU 相关的引脚

与 8255A 相似，8253 的引脚包括数据线 D7～D0，读/写控制线 $\overline{WR}$、$\overline{RD}$，以及与 CPU 地址线相连接的片选信号 $\overline{CS}$、端口地址控制引脚 A0 和 A1。这两个端口地址线的组合状态可选择 8253 内的 3 个通道端口和 1 个控制口，如表 3-2 所示。

表 3-2　8253 端口选择

A1　A0	端　口
0　　0	通道 0
0　　1	通道 1
1　　0	通道 2
1　　1	控制口

3) 电源线

8253 的电源引脚为 VCC 和 GND。GND 为地线，VCC 为电源线，一般取 +5 V。

3. 8253 的工作方式及应用

1) 8253 控制字

8253 的每个计数器都必须在写入控制字的计数初值后才能启动工作，因此在初始化编程时，必须通过写入控制字来设定工作方式和写入计数初值。

8253 的控制字用来设置某计数器的工作方式，指定计数初值写入/读出的顺序、字节数及减"1"计数的体制。其具体格式如图 3-9 所示。SC1、SC0 用于选择计数器；RW1、RW0 用来控制计数器的读/写的字节数(1 个或 2 个字节数)及读/写高低字节的顺序；M2、M1、M0 用于选择计数器的方式；BCD 用于指定计数器是按二进制计数还是按十进制(BCD 码)计数。

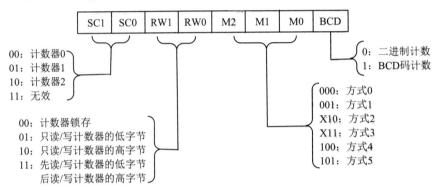

图 3-9　8253 控制字格式

2) 8253 的编程

(1) 初始化编程的步骤：首先向控制寄存器写入工作方式控制字，以选择计数器；然后确定工作方式，指定计数初值装入方式及减"1"计数器的计数方法(BCD 码或二进制码)；最后向已选定的计数器写入计数初值。

(2) 读操作：对于 8253 进行读操作，可以读取当前计数值。但当前计数值在计数过程中不断变化，为了读取准确值，通常采用以下两种方法：

① 停止计数读：将 GATE 置为无效状态或阻断时钟输入均可使计数器暂停计数。此时用 IN 指令对选定的计数器进行读操作，即可读取稳定的当前计数值。

② 锁存后读：欲读取当前计数值时，先发一锁存命令(即写控制字，其 RW1RW0 = 00，控制字的低 4 位无意义)，将当前计数值锁存到输出锁存器中，然后执行 IN 指令即可得到锁存时刻的当前计数值。这种方法也称为"飞读"。由于"飞读"不影响计数过程，因此有较高的使用价值。

注意：无论是哪种读操作，都要按方式控制字规定的读/写操作的字节数和字节顺序进行。

3) 8253 的工作方式

8253 的每个计数器都有 6 种工作方式，6 种工作方式各有特点，使得 8253 可满足不同应用系统的要求。6 种工作方式的区别主要体现在以下几个方面：输出波形、启动计数器开始计数的触发方式、计数过程中门控信号对计数操作的影响等。

(1) 方式 0：计数结束中断方式。这是一种典型的事件计数用法，当计数器减"1"到"0"时，输出信号 OUT 由低电平变为高电平，此信号正好作为计数/定时到的中断请求信号，因此方式 0 又被称为计数结束中断方式。

方式 0 下 GATE 为计数控制信号，高电平允许计数，低电平禁止计数；装入计数初值，启动计数器工作，因此又可认为软件触发。

(2) 方式 1：可编程单稳。方式 1 的计数器相当于一个可编程的单稳态电路。方式 1 是硬件触发单稳态，GATE 上升沿触发。其输出负脉冲宽度为 N 倍的 CLK 时钟周期，N 为程序设置的计数初值。计数过程中写入新的计数初值对计数过程无影响；计数过程中可重复触发，拓宽了输出负脉冲的宽度。

(3) 方式 2：分频器。方式 2 为周期性定时器工作方式。由于其输出信号是周期信号，且其周期是 CLK 时钟周期的 N 倍，N 为装入的计数初值，因此又称为分频器，也可作为脉冲发生器。

方式 2 是一个分频器，其输出信号的负脉冲宽度为一个 CLK 时钟周期；GATE 为计数控制信号，与方式 0 类似，高电平允许计数，低电平禁止计数；装入计数初值启动计数，称为软件启动。另一方面，与方式 1 类似，GATE 的上升沿也可重新启动计数器进行计数。

(4) 方式 3：方波发生器。这种方式与方式 2 类似。不同的是输出信号 OUT 的波形是对称的方波(当初值为偶数时)或近似对称的方波(当初值是奇数时)。

(5) 方式 4：软件触发选通方式。方式 4 与方式 0 类似，当 GATE 为高电平时，写入计数初值后的下一个 CLK 时钟脉冲的下降沿开始计数，因此也是软件触发。其输出信号 OUT 在计数到"0"时，输出一个 CLK 时钟周期的负脉冲，可作为选通脉冲，因此方式 4 被称为软件触发选通方式。

(6) 方式 5：硬件触发选通方式。方式 5 与方式 1 类似，只有 GATE 的上升沿才能触发计数器开始计数，因此称为硬件触发；另一方面，其输出波形与方式 4 类似，也是在计数到"0"时产生宽度为一个 CLK 时钟周期的负选通脉冲，因此方式 5 被称为硬件触发选通方式。

从上述各工作方式看出，8253 的 6 种工作方式可以归为两类：一类是充当频率发生器，即方式 2 和方式 3；另一类主要作为计数器使用，即方式 0、1 和方式 4、5。表 3-3 总结了 8253 工作在各种方式下，对 GATE 信号的要求、溢出方式以及计数初值的使用情况。

表 3-3　8253 在不同方式下的工作特点

工作方式	启动方式(GATE)	溢出方式	计数值
方式 0 计数结束中断	高电平	OUT 为高电平	一次有效
方式 1 可编程单稳脉冲	上升沿	OUT 为高电平	自动重装
方式 2 频率发生器	高电平	OUT 为负脉冲	自动重装
方式 3 方波发生器	高电平	OUT 为方波	自动重装
方式 4 软件触发	高电平	OUT 为负脉冲	一次有效
方式 5 硬件触发	上升沿	OUT 为负脉冲	自动重装

四、实验内容及步骤

实验 1：8253 计数器实验

1. 实验内容

利用 8253 的计数功能，编程实现对外部事件进行计数，即产生 5 次单脉冲信号后驱动 LED0 点亮。

说明：本实验要求初始计数值写入计数通道后，计数器就可以工作，并且计数溢出后能产生一个高电平驱动 LED 灯点亮，这是典型的计数结束中断方式，故选择通道 0 工作在方式 0。

2. 实验步骤

(1) 实验接线如图 3-10 所示，8253 的 $\overline{CS}$ 接地址译码 $\overline{CS0}$，通道 0 的脉冲输入端 CLK0 接实验箱的单脉冲信号，输出端 OUT0 接数据灯 LED0，门控信号 GATE 接电源 VCC。数据线、读/写控制、地址线实验箱内部已接好，不需要再连。按图所示连接实验箱。

(2) 运行伟福 Lab8000 集成调试软件，按照实验要求，完成实验程序，然后编译、链接。

(3) 运行程序，按动 5 次单脉冲信号，观察 LED0 灯显示，验证程序功能。

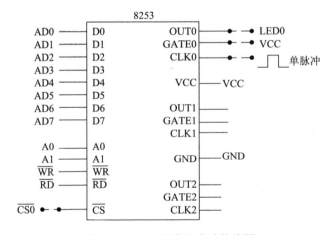

图 3-10　8253 计数器实验接线图

参考程序：

```
CONTROL EQU 08003H                    ；控制字地址
COUNT0  EQU 08000H                    ；通道 0 地址
COUNT1  EQU 08001H                    ；通道 1 地址
COUNT2  EQU 08002H                    ；通道 2 地址
CODE        SEGMENT
            ASSUME CS:CODE
START    PROC    NEAR
            MOV     AL, 30H          ；设置计数器 0 的工作方式
```

```
            MOV     DX, CONTROL
            OUT     DX, AL              ; 将方式控制字写入控制寄存器
            MOV     AL, 5              ; 计数器 0 的计数初值
            MOV     DX, COUNT0
            OUT     DX, AL              ; 先送低 8 位
            MOV     AL, 0
            OUT     DX, AL              ; 再送高 8 位
AGAIN:
            MOV     AL, 00000000B       ; 写入锁存命令
            MOV     DX, CONTROL
            OUT     DX, AL              ; 将方式控制字写入控制寄存器
            MOV     DX, COUNT0
            IN      AL, DX              ; 读入计数值低 8 位
            MOV     BL, AL
            IN      AL, DX              ; 读入计数值高 8 位
            MOV     AH, AL
            MOV     AL, BL
            JMP     AGAIN
START       ENDP
CODE        ENDS
            END START
```

实验 2：8253 定时器实验

1. 实验内容

利用 8253 的定时功能，编程实现 LED 数据灯以 1 s 的周期闪烁(亮 0.5 s 灭 0.5 s)，并观察输出波形。

说明：用 8253 对标准脉冲信号进行计数，就可以实现定时功能。用实验箱上的 1 MHz 作为标准信号，输出是周期为 1 s 的方波。频率为 1 MHz 信号的周期为 1 μs，而 1 Hz 信号的周期为 1 s，所以分频系数 N 可按下式计算：

$$N = \frac{1\ \text{s}}{1\ \mu\text{s}} = \frac{1\ 000\ 000\ \mu\text{s}}{1\ \mu\text{s}} = 1\ 000\ 000$$

由于 8253 一个通道最大的计数值是 65 536，所以对于 $N = 1\ 000\ 000$ 这样的数，一个通道是不可能完成上述分频要求的，因此就要采用通道计数器级联的方法来实现分频系数超过 65 536 的分频要求。由于 $N = 1\ 000\ 000 = 1000 \times 1000 = N_1 \times N_2$，所以本实验首先采用通道 1 把 1 MHz 信号进行 1000 分频，产生 1 kHz 的信号，通道 0 再把 1 kHz 信号进行 1000 分频，产生 1 Hz 信号输出到 LED 灯显示出来。因为通道 0 需要输出方波信号推动 LED 灯闪烁，所以通道 0 应选择工作方式 3；而通道 1 只要能起到分频作用，对输出波形不做要求，因此可选择方式 2 或方式 3。

注意：本实验还要求观察输出波形，可利用实验箱上的逻辑波形模块观察并测量输出

波形的周期。

2. 实验步骤

(1) 实验接线如图 3-11 所示，8253 的 $\overline{CS}$ 接地址译码 $\overline{CS4}$，通道 1 的脉冲输入端 CLK1 接实验箱 1 MHz 信号，输出端 OUT1 接通道 0 的输入端 CLK0，通道 0 的输出端接数据灯 LED0 和逻辑波形 LA0，两个通道的门控信号 GATE 均接入电源 VCC。数据线、读/写控制、地址线实验箱内部已接好，不需要再连。按图所示连接实验箱。

(2) 运行伟福 Lab8000 集成调试软件，按照实验要求，完成实验程序，然后编译、链接。

(3) 运行程序，验证程序功能。同时打开伟福软件的逻辑分析仪窗口(逻辑分析仪的使用见 1.3 节)，采样频率为 1 kHz，观察输出波形并测量周期。

(4) 改变程序，实现 LED 灯以 2 s 的周期闪烁(亮 1 s 灭 1 s)。

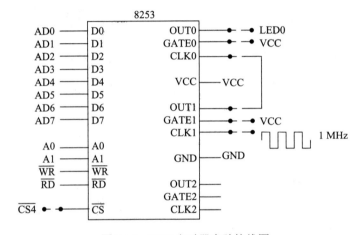

图 3-11　8253 定时器实验接线图

参考程序：

CONTROL EQU 0C003H			; 控制字地址
COUNT0	EQU 0C000H		; 通道 0 地址
COUNT1	EQU 0C001H		; 通道 1 地址
COUNT2	EQU 0C002H		; 通道 2 地址
CODE	SEGMENT		
	ASSUME CS:CODE		
START	PROC	NEAR	
	MOV	AL, 36H	; 设置计数器 0 的工作方式
	MOV	DX, CONTROL	
	OUT	DX, AL	; 将方式控制字写入控制寄存器
	MOV	AX, 1000	; 计数器 0 的计数初值
	MOV	DX, COUNT0	
	OUT	DX, AL	; 先送低字节
	MOV	AL, AH	

```
            OUT       DX, AL                    ; 再送高字节
            MOV       AL, 76H                   ; 设置计数器 1 的工作方式
            MOV       DX, CONTROL
            OUT       DX, AL                    ; 将方式控制字写入控制寄存器
            MOV       AX, 1000                  ; 计数器 1 的计数初值
            MOV       DX, COUNT1
            OUT       DX, AL                    ; 先送低字节
            MOV       AL, AH
            OUT       DX, AL                    ; 再送高字节
            JMP       $
START       ENDP
CODE        ENDS
            END START
```

五、实验思考题

(1) 8253 在设定方式控制字的计数码制时, 设为二进制计数和 BCD 码计数时有什么区别?

(2) 设 8253 计数器的时钟输入频率为 1.91 MHz, 为产生 25 kHz 的方波输出信号, 应向计数器装入的计数初值是多少?

(3) 试编写程序实现以下功能: 当开关 K0 向上拨动时, 8 个 LED 灯从左往右循环点亮; 当开关 K0 向下拨动时, 8 个 LED 灯从右往左循环点亮。循环时间间隔均由 8253 定时器控制, 时间间隔为 1 s。

3.1.3　8251A 串行口通信实验

一、实验目的

(1) 掌握 8088/8086 实现串行口通信的方法。
(2) 了解实现串行通信的硬件环境、数据格式的协议和数据交换的协议。
(3) 学习串行口通信程序编写方法。

二、预习要求

(1) 预习串行通信的工作原理。
(2) 预习 8251A 的编程方法。

三、实验原理

1. 可编程串行口芯片 8251A 的内部逻辑

8251A 的内部逻辑结构如图 3-12 所示。

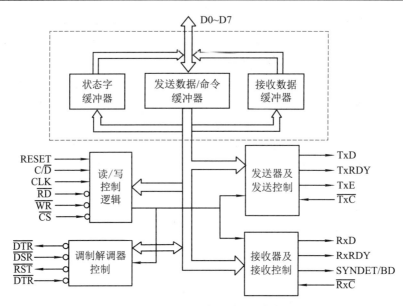

图 3-12　8251A 的内部结构逻辑框图

1) 数据总线缓冲器

数据总线缓冲器是三态双向 8 位缓冲器，对外与系统数据总线相连。其中有 3 个缓冲器：状态字缓冲器、接收数据缓冲器和发送数据/命令缓冲器。状态字缓冲器用来寄存 8251A 内部的工作状态，供 CPU 查询、测试；接收数据缓冲器用来存放接收器已经装配完毕的字符，准备送给 CPU；发送数据/命令缓冲器用来寄存 CPU 送给 8251A 的数据或命令，数据和命令分时进行。

2) 读/写控制逻辑

读/写控制逻辑接收来自 CPU 的控制信号，对数据在芯片内部的传送进行控制。8251A 读/写控制信号的组成功能见表 3-4。

表 3-4　8251A 读/写控制信号的组成功能

$\overline{CS}$	C/$\overline{D}$	$\overline{RD}$	$\overline{WR}$	功　能
0	0	0	1	8251A 数据→数据总线
0	1	0	1	8251A 状态→数据总线
0	0	1	0	8251A 数据→数据总线
0	1	1	0	8251A 控制字→数据总线
1	×	×	×	总线悬空(无操作)

3) 接收器

接收器主要是接收 RxD 脚上的串行数据，并按规定的格式把它转换为并行数据，存放在接收数据缓冲器中。在异步方式时，能自动检测起始位，去掉停止位，并进行奇偶校验；在同步方式时，能自动识别同步字符及其他控制字符。当接收器将接收数据存入接收数据缓冲器时，发出 RxRDY 信号，通知 CPU 取走数据。

4) 发送器

发送器主要是把并行数据转换为串行数据，并按规定进行格式化，然后在发送时钟

$\overline{\text{TxC}}$ 的作用下，将数据一位一位地由 TxD 引脚发送出去。在异步方式时，发送器能自动按约定在字符数据位前后加起始位、停止位和校验位；在同步方式时能按初始化程序设定的方式加一个或两个同步字符。

5) 调制解调器控制

调制解调器(Modem)控制用来产生 8 个与调制解调器连接的联络控制信号，方便与 Modem 的连接。

2. 8251A 的外部引脚

8251A 是双列直插式芯片，共有 28 个引脚，其引脚分配如图 3-13 所示。

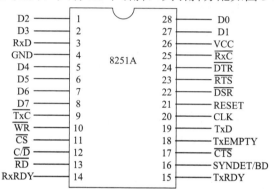

图 3-13   8251A 外部引脚

根据引脚信号功能将其分以下几组：

1) 与 CPU 有关的信号

除三态双向数据信号线 D0～D7、读/写控制信号线 $\overline{\text{RD}}$ 和 $\overline{\text{WR}}$ 以及片选信号 $\overline{\text{CS}}$ 之外，还有以下信号：

(1) RESET：复位信号线，输入，高电平有效。

(2) CLK：时钟信号线，输入，为芯片内部电路提供定时信号。

(3) C/$\overline{\text{D}}$：控制/数据选择信号，输入。它与 $\overline{\text{WR}}$、$\overline{\text{RD}}$ 信号配合以确定数据总线上的信息送入或取自哪个寄存器。C/$\overline{\text{D}}$ =1 时，CPU 可以读取 8251A 的状态字，或对 8251A 写控制字、命令字：C/$\overline{\text{D}}$ =0 时，CPU 读取 8251A 接收到的数据，或将要发送的数据写入 8251A。此线通常与系统地址总线的 A0 相连。

2) 与发送器有关的信号

(1) TxD(Transmitted Data)：发送数据信号，输出。

(2) TxE(Transmitter Empty)：发送器空信号，输出，高电平有效。

(3) TxRDY(Transmitter Ready)：发送器准备好信号，输出，高电平有效。

(4) TxC(Transmitter Clock)：发送时钟信号，输入。

3) 与接收器有关的信号

(1) RxD(Received Data)：接收数据信号，输入。接收器通过该信号线接收来自外设的串行数据。

(2) RxRDY(Receiver Ready)：接收器准备好信号，输出，高电平有效。

(3) RxC(Receiver Clock)：接收时钟信号，输入。

(4) SYNDET(Synchronous Detection)/BD(Break Detection)：双功能引脚。在同步方式下，作同步字符检出(BD)信号线，双向，其输入、输出的状态取决于 8251A 初始化时是内同步还是外同步；在异步方式下，该引脚作间断信号检出信号线，输出，高电平有效。

4) 与调制解调控制有关的信号

8251A 提供了 4 个与 Modem 相连的控制信号，它们的含义与 RS-232C 标准规定的完全相同。

(1) $\overline{\text{DTR}}$ (Data Terminal Ready)：数据终端准备好信号，输出，低电平有效。$\overline{\text{DTR}}$ 可由命令字的 D1 位置 "1" 而变为有效，用以表示 8251A 准备就绪。

(2) $\overline{\text{DSR}}$ (Data Set Ready)：数据装置准备好信号，输入，低电平有效。$\overline{\text{DSR}}$ 用以表示调制解调器或外设的数据已准备好。CPU 可通过读 8251A 的状态寄存器的 D7 位检测该信号的状态。

(3) $\overline{\text{RTS}}$ (Request To Send)：请求发送信号，输出，低电平有效。$\overline{\text{RTS}}$ 用于通知 Modem，8251A 要求发送数据。它可由命令字的 D5 位置 "1" 而变为有效。

(4) $\overline{\text{CTS}}$ (Clear To Send)：清除传送信号(即发送允许)，输入，低电平允许。$\overline{\text{CTS}}$ 是 Modem 对 8251A 的 $\overline{\text{RTS}}$ 信号的响应。当其有效时，8251A 方可发送数据。

3. 8251A 的控制字和状态字

8251A 是一种通用可编程串行接口芯片，其工作方式及工作进程均可通过程序进行控制。8251A 的控制字有两个：工作方式字和命令字；8251A 中还有一个与数据传输有关的状态寄存器，存放着 8251A 当前的运行状态，决定着 8251A 何时收、何时发。下面分别对这两种控制字加以说明。

1) 工作方式字

工作方式字用来设置 8251A 的工作方式是同步方式还是异步方式，并按其工作方式指定数据帧的格式。该控制字可写不可读。其具体格式如图 3-14 所示。

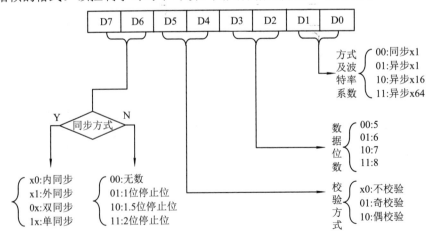

图 3-14 8251A 工作方式字

(1) D1D0：用来指定 8251A 是工作在同步方式还是异步方式。当 D1D0=00 时为同步方式，当 D1D0≠00 时为异步方式，且 D1D0 的不同组合用来指定时钟频率与波特率之间的比例系数(即波特率系数)。

(2) D3D2：用来指定一个数据所包含的位数。

(3) D5D4：用来指定要不要校验位及奇偶校验的性质。

(4) D7D6：在同步方式和异步方式下的意义不同。异步方式时用来指定停止位的位数，同步方式时用来指定是内同步方式还是外同步方式，以及同步字符的个数。

2) 命令字

CPU 通过对 8251A 写命令字，迫使 8251A 进行某种操作或处于某种工作状态，以便接收或发送数据。该命令字可写不可读。

D0 = 1 表示发送允许，D2 = 1 表示接收允许。它们分别用来控制发送器和接收器能否工作，可以认为是发送中断和接收中断的屏蔽位。如果进行半双工通信，则 CPU 应轮流将它们置"1"。

D1 和 D5 是两个送往 Modem 的控制信号。当 CPU 将它们置"1"时，迫使 8251A 相应引脚 $\overline{DTR}$ 和 $\overline{RTS}$ 成为低电平有效状态。

D3 位用来选择是否使用专门的间断字符。如果 D3 = 1，将迫使 $\overline{TxD}$ 在空闲时成为低电平，以此作为数据间断时的线路状态。如果 D3 = 0，则在出现数据间断时，线路仍处于高电平。同时，该位还控制接收器按 D3 位规定的方式，在接收过程中自动检测间隔字符，送出间断信号交 CPU 做相应处理。

D4 位用来使 3 个出错标志(FE、OE、PE)复位。

D6 = 1 迫使 8251A 复位，回到方式选择状态，从而对 8251A 重新初始化。

D7 = 1 使 8251A 进入同步搜索状态，接收器开始将接收到的数据码组合，并与同步字符比较，直到找到同步字符，在引脚 SYNDET 输出高电平为止。然后再把 D7 位复位，作正常接收。

3) 状态字

状态字用来存放 8251A 当前的运行状态。CPU 可通过读状态寄存器进行分析、判断，以决定下一步的操作。该状态字可读不可写。

状态位 RxRDY、TxE、SYNDET 及 DSR 的含义与芯片引脚中相应信号的定义完全相同；但 TxRDY 位的含义与 8251A 芯片引脚中的 TxRDY 信号的含义有差别，TxRDY 信号需 $\overline{CTS}$ 信号为低电平且 TxE = 1 时才可能置位，而状态位 TxRDY 是只要发送器空就置位，与 $\overline{CTS}$、TxE 无关，因此使用时需注意。

D3～D5 位是错误状态信息，它们是在接收过程中自动检测并设置的，但不禁止 8251A 后续的工作，只有当 CPU 读状态字查询到后，才进行适当的处理。它们的复位可通过对命令字的 ER 位置"1"来实现。

4. 8251A 的初始化及编程

对 8251A 初始化编程时，需要按一定的顺序：8251A 在复位后，装入工作方式字；若设置为异步方式，则直接写入操作命令字进行定义，接着开始传输数据；若设置为同步方式，则要先根据单同步或双同步送入 1 个或 2 个同步字符，然后再写入操作命令字。当命令字中的 D6 = 1 时，表示为内部复位命令，即下一次写入的控制字为工作方式字，重新开始对 8251A 进行初始化。其初始化流程如图 3-15 所示。

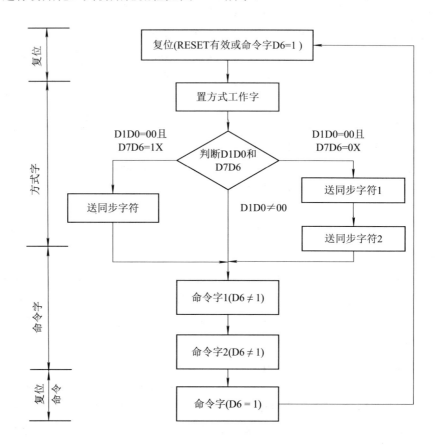

图 3-15　8251A 初始化流程

对 8251A 初始化时，工作方式字设置了通信方式及数据格式、传送速率，命令字迫使 8251A 处于某种状态，但何时进行接收数据，何时发送数据还需通过 8251A 的状态字来决定。

四、实验内容及步骤

1. 实验内容

利用 8088/8086CPU 控制 8251A 可编程串行通信控制器，实现两个实验台之间的串行通信。其中一个实验台作为发送方，另一侧为接收方。发送方读入按键值，并发送给接收方，接收方收到数据后在 LED 上显示。

说明：8088/8686CPU 通过外接的 8251A 可编程串行控制器实现串口通信。通过 8251A 的控制口写入其工作方式或读入当前状态，通过数据口发送或接收串行口数据。本实验是通过查询方式读/写状态和输入/输出串行数据的。

通信双方的 RxD、TxD 信号本应经过电平转换后再进行交叉连接，本实验中为减少连

线可将电平转换电路略去，而将双方的 RxD、TxD 直接交叉连接。也可以将本机的 TxD
接到 RxD，这样按下的键就会在本机的 LED 上显示。

若想与标准的 RS232 设备通信，就要做电平转换，输出时要将 TTL 电平转换成 RS232
电平，输入时要将 RS232 电平转换成 TTL 电平。可以将仿真板上的 RxD、TxD 信号接到
实验板上的"用户串口接线"的相应 RxD 和 TxD 端，经过电平转换，通过"用户串口"
接到外部的 RS232 设备。

芯片工作所需时钟信号可利用板上提供的 10 MHz 和 1 MHz 时钟信号。

2. 实验步骤

(1) 实验接线如图 3-16 所示，按图所示连接实验箱。

(2) 运行伟福 Lab8000 集成调试软件，按照实验要求，完成实验程序，然后编译、
链接。

(3) 运行程序，观察接收端是否会显示在发送端按下的那个符号，验证程序功能。

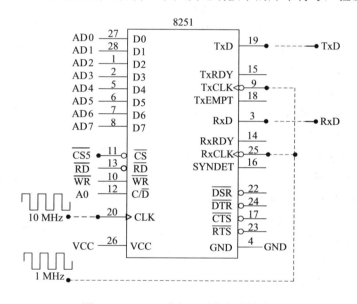

图 3-16　8251A 串行口通信实验接线图

参考程序：

OUTBIT	EQU 08002H	; 位控制口
OUTSEG	EQU 08004H	; 段控制口
IN_KEY	EQU 08001H	; 键盘读入口
CS8251D	EQU 09000H	; 串行通信控制器数据口地址
CS8251C	EQU 09001H	; 串行通信控制器控制口地址

; 此处用 8253 定时器产生了 8251 收发时钟(1 MHz/4=250 kHz)

CONTROL	EQU 0A003H
COUNT0	EQU 0A000H
COUNT1	EQU 0A001H
COUNT2	EQU 0A002H

```
DATA      SEGMENT
LEDBUF    DB    6 DUP(?)                    ；显示缓冲
NUM       DB    1 DUP(?)                    ；显示的数据
DELAYT    DB    1 DUP(?)
RBUF      DB    0
TBUF      DB    0
LEDMAP:                                     ；八段管显示码
          DB    3FH, 06H, 5BH, 4FH, 66H, 6DH, 7DH, 07H
          DB    7FH, 6FH, 77H, 7CH, 39H, 5EH, 79H, 71H
KEYTABLE:                                   ；键码定义
          DB    16H, 15H, 14H, 0FFH
          DB    13H, 12H, 11H, 10H
          DB    0DH, 0CH, 0BH, 0AH
          DB    0EH, 03H, 06H, 09H
          DB    0FH, 02H, 05H, 08H
          DB    00H, 01H, 04H, 07H
CODE      SEGMENT
          ASSUME CS:CODE, DS:DATA
DELAY     PROC    NEAR
          PUSH    AX                        ；延时子程序
          PUSH    CX
          MOV     AL, 0
          MOV     CX,AX
          LOOP    $
          POP     CX
          POP     AX
          RET
DELAY     ENDP
DISPLAYLED PROC NEAR
          MOV     BX, OFFSET LEDBUF
          MOV     CL, 6                     ；共 6 个八段管
          MOV     AH, 00100000B             ；从左边开始显示
DLOOP:
          MOV     DX, OUTBIT
          MOV     AL, 0
          OUT     DX,AL                     ；关闭所有八段管
          MOV     AL, [BX]
          MOV     DX, OUTSEG
          OUT     DX, AL
```

```
            MOV     DX, OUTBIT
            MOV     AL, AH
            OUT     DX, AL          ; 显示一位八段管
            PUSH    AX
            MOV     AH, 1
            CALL    DELAY
            POP     AX
            SHR     AH, 1
            INC     BX
            DEC     CL
            JNZ     DLOOP
            MOV     DX, OUTBIT
            MOV     AL, 0
            OUT     DX,AL           ; 关闭所有八段管
            RET
DISPLAYLED ENDP
TESTKEY PROC NEAR
            MOV     DX, OUTBIT
            MOV     AL, 0
            OUT     DX, AL          ; 输出线置为 0
            MOV     DX, IN_KEY
            IN      AL, DX          ; 读入键状态
            NOT     AL
            AND     AL, 0FH         ; 高 4 位不用
            RET
TESTKEY ENDP
GETKEY PROC NEAR
            MOV     CH, 00100000B
            MOV     CL, 6
KLOOP:
            MOV     DX, OUTBIT
            MOV     AL, CH          ; 找出键所在列
            NOT     AL
            OUT     DX, AL
            SHR     CH, 1
            MOV     DX, IN_KEY
            IN      AL, DX
            NOT     AL
            AND     AL, 0FH
```

```
        JNE     GOON_                   ; 该列有键入
        DEC     CL
        JNZ     KLOOP
        MOV     CL, 0FFH                ; 没有键按下，返回 0FFH
        JMP     EXIT1
GOON_:
        DEC     CL
        SHL     CL, 2                   ; 键值 = 列×4 + 行
        MOV     CH, 4
LOOPC:
        TEST    AL, 1
        JNZ     EXIT1
        SHR     AL, 1
        INC     CL
        DEC     CH
        JNZ     LOOPC
EXIT1:
        MOV     DX, OUTBIT
        MOV     AL, 0
        OUT     DX, AL
        MOV     CH, 0
        MOV     BX, OFFSET KEYTABLE
        ADD     BX, CX
        MOV     AL, [BX]                ; 取出键码
        MOV     BL, AL
WAITRELEASE:
        MOV     DX, OUTBIT
        MOV     AL, 0
        OUT     DX, AL                  ; 等键释放
        MOV     AH, 10
        CALL    DELAY
        CALL    TESTKEY
        JNE     WAITRELEASE
        MOV     AL, BL
        RET
GETKEY ENDP
IINIT   PROC NEAR                       ; 8251/8253 初始化
        MOV     AL, 36H; 00110110B      ; 计数器 0，16 位，方式 3，二进制
        MOV     DX, CONTROL
```

```
              OUT       DX, AL
              MOV       AX, 4
              MOV       DX, COUNT0
              OUT       DX, AL              ; 计数器低字节
              MOV       AL, AH
              OUT       DX, AL              ; 计数器高字节
              MOV       DX, CS8251C
              MOV       AL, 01001111B       ; 1 停止位，无校验，8 数据位，X64
              OUT       DX, AL
              MOV       AL, 00010101B       ; 清出错标志，允许发送、接收
              OUT       DX, AL
              RET
IINIT         ENDP
SEND          PROC NEAR                     ; 串口发送
              MOV       DX, CS8251C
              MOV       AL, 00010101B       ; 清出错，允许发送、接收
              OUT       DX, AL
WAITTXD:
              IN        AL, DX
              TEST      AL, 1               ; 发送缓冲是否为空
              JZ        WAITTXD
              MOV       AL, TBUF            ; 取要发送的字
              MOV       DX, CS8251D
              OUT       DX, AL              ; 发送
              PUSH      CX
              MOV       CX,0FFFFH
              LOOP      $
              POP       CX
              RET
SEND          ENDP
RECEIVE PROC NEAR                           ; 串口接收
              MOV       DX, CS8251C
WAITRXD:
              IN        AL, DX
              TEST      AL, 2               ; 是否已收到一个字
              JE        WAITRXD
              MOV       DX, CS8251D
              IN        AL, DX              ; 读入
              MOV       RBUF, AL
```

```
                    RET
RECEIVE ENDP
START   PROC   NEAR
                    MOV       AX, DATA
                    MOV       DS, AX
                    CALL      IINIT
                    MOV       LEDBUF, 0FFH          ; 显示 8.8.8.8.
                    MOV       LEDBUF+1, 0FFH
                    MOV       LEDBUF+2, 0FFH
                    MOV       LEDBUF+3, 0FFH
                    MOV       LEDBUF+4, 0
                    MOV       LEDBUF+5, 0
MLOOP:
                    CALL      DISPLAYLED            ; 显示
                    MOV       DX, CS8251C
                    IN        AL, DX                ; 是否接收到一个字
                    TEST      AL, 2
                    JNZ       RCVDATA
                    CALL      TESTKEY               ; 是否有键入
                    JE        MLOOP                 ; 无键入，继续显示
                    CALL      GETKEY                ; 读入键码
                    AND       AL, 0FH               ; 显示键码
                    MOV       TBUF, AL
                    CALL      SEND
                    JMP       MLOOP
RCVDATA:
                    CALL      RECEIVE               ; 读入接收到的字
                    MOV       AL, RBUF
                    AND       AL, 0FH               ; 只显示低 4 位
                    MOV       AH, 0
                    MOV       BX, OFFSET LEDMAP
                    ADD       BX, AX
                    MOV       AL, [BX]              ; 转换成显示码
                    MOV       LEDBUF+4, 03FH
                    MOV       LEDBUF+5, AL
                    JMP       MLOOP
START   ENDP
CODE    ENDS
                    END START
```

五、实验思考题

(1) 串行通信和并行通信有什么区别？各有什么优点？

(2) 什么是串行异步通信，它有哪些作用？简述串行口接收和发送数据的过程。

(3) 一个异步串行发送器，发送具有 8 位数据位的字符，在系统中使用一位作偶校验，2 个停止位。若每秒发送 100 个字符，则它的波特率和位周期是多少？

3.1.4　8259 外部中断实验

一、实验目的

(1) 掌握 8259A 中断控制器的工作原理。

(2) 掌握 8086/8088 与 8259A 中断服务程序的编写方法。

二、预习要求

(1) 预习中断的基本原理和中断处理过程。

(2) 预习 8259 中断屏蔽寄存器的功能及各命令字的设置。

三、实验原理

1. 可编程中断控制器 8259A 的内部结构

8259A 的内部结构如图 3-17 所示。

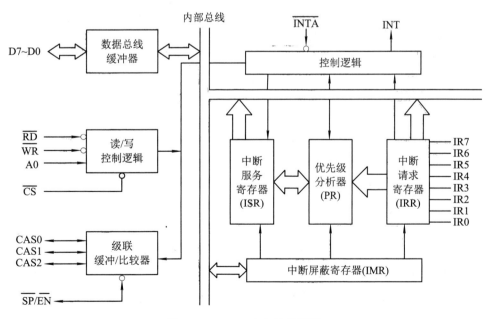

图 3-17　8259A 内部结构框图

1) 数据总线缓冲器

数据总线缓冲器是一个具有输入、输出和高阻的三态 8 位缓冲器，用于传送 CPU 与

8259A 间的命令和状态信息。

2) 读/写控制逻辑

读/写控制逻辑决定本 8259A 是否工作、数据总线上数据的流向及其进行 8259A 内部译码的功能控制块。

3) 控制逻辑

控制逻辑由操作命令寄存器和状态字寄存器等组成。操作命令寄存器存放 CPU 送来的操作命令字，以设定 8259A 工作模式；状态字寄存器存放现行状态字，供 CPU 选取。

控制逻辑按照初始化程序设定的工作方式管理 8259A 的全部工作。该电路可以根据中断请求寄存器 IRR 中的内容和优先级分析器 PR 的比较结果向 CPU 发出中断请求信号 INT，并接受 $\overline{\text{INTA}}$ 引脚上的中断应答信号，使 8259A 进入中断状态。

4) 级联缓冲/比较器

级联缓冲/比较器用于级联。级联时，8259A 有主片($\overline{\text{SP}}$ 线接+5 V)和从片($\overline{\text{SP}}$ 线接地)之分，主片 8259A 的级联缓冲/比较器可在 CAS0～CAS2 上输出代码，从片 8259A 的级联缓冲/比较器可以接收主片发来的代码和 ICW3 中 ID 标志码(初始化时送来)进行比较。

5) 中断请求寄存器(IRR)

IRR 是一个 8 位寄存器，用于存放 8259A IR0～IR7 上的中断请求。IRR 由连接在 IR0～IR7 线上的外设产生的触发信号来置位，触发信号的有效高电平至少保持到 8259A 收到第一个 $\overline{\text{INTA}}$ 之后；IRR 中的内容可用 OCW3 命令读出。

6) 中断屏蔽寄存器(IMR)

IMR 由 8 个触发器构成，用于存放中断屏蔽码。若 IMR 的某位为"1"状态，则 IRR 相应位的中断请求被屏蔽；若 IMR 的某位为"0"状态，则 IRR 中相应位的中断请求被允许输入到优先级分析器 PR 中。IMR 通过 OCW1 来设置。

7) 中断服务寄存器(ISR)

ISR 是一个 8 位寄存器，用于存放 CPU 正为之服务的中断请求(包括尚未完成而中途被别的中断请求所打断了的请求)。当 8259A IR0～IR7 上某个中断请求得到响应(第一个 $\overline{\text{INTA}}$)时，ISR 相应位置位。ISR 的复位可用中断结束命令 OCW2 来实现。

8) 优先级分析器(PR)

当输入端 IR0～IR7 中有多个中断请求信号同时产生时，由 PR 判定哪个中断请求具有最高优先权，且在 $\overline{\text{INTA}}$ 脉冲期间把它置入中断服务寄存器 ISR 的相应位。

在了解了上述电路功能的基础上，对 8259A 的中断响应过程总结如下：

当 8259A IR0～IR7 上输入某一中断请求时，IRR 中相应位置位，以锁存这个中断请求信号。若该中断请求未被 IMR 中相应位屏蔽，则 PR 就将它与现行服务的中断进行优先级比较；若它比现行服务的中断优先级高，则 8259A 使 INT 引脚变为高电平，用于向 CPU 申请中断，CPU 响应后就在 $\overline{\text{INTA}}$ 引脚上连续发出两个负脉冲，分别用于使 ISR 相应位置位，以阻止其后的优先级低的中断请求，同时清除 IRR 中相应位和从 8259A 提取中断类型号(由 CPU 初始化 8259A 时设置)。CPU 收到中断类型号便可自动转入相应中断服务程序执行。在执行到该中断服务程序结束(非自动结束方式)时，由于 8259A 不能自动使 ISR 中相应位复位，故中断服务程序末尾必须安排一条 EOI 命令，以便使 ISR 中相应位复位。

2. 8259A 引脚功能

8259A 为 28 引脚双列直插式芯片，如图 3-18 所示。

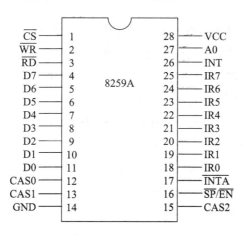

图 3-18　8259A 外部引脚图

1) 数据总线(8 条)

D0～D7：三态双向数据总线，D7 为最高位，用于传送 CPU 与 8259A 间的命令和状态字。

2) 中断线(10 条)

(1) IR0～IR7：中断请求输入线，用于传送外部中断源送来的中断请求信号。

(2) INT：中断请求输出线，高电平有效，用于向 CPU 申请中断。

(3) $\overline{\text{INTA}}$：中断响应输入线，低电平有效。CPU 响应 8259A 中断时，可以通过 $\overline{\text{INTA}}$ 引脚上传送两个负脉冲：第一个负脉冲用来通知 8259A，中断请求已被响应；第二个负脉冲作为特殊读操作信号，读取 8259A 提供的中断类型号。

3) 读写控制线(4 条)

(1) $\overline{\text{CS}}$：片选输入线，低电平有效。若 $\overline{\text{CS}}$=0，则本 8259A 被选中工作，允许它与 CPU 通信；若 $\overline{\text{CS}}$=1，则本 8259A 不工作。

(2) $\overline{\text{RD}}$ 和 $\overline{\text{WR}}$：$\overline{\text{RD}}$ 为读命令引脚，$\overline{\text{WR}}$ 为写命令引脚，均为低电平有效。若 $\overline{\text{RD}}$=0，$\overline{\text{WR}}$=1，则 8259A 输出状态字；若 $\overline{\text{RD}}$=1，$\overline{\text{WR}}$=0，则 8259A 从数据总线接收命令。

(3) A0：地址输入线，常与 CPU 的 A0 相连，用于选择 8259A 的两个端口地址。A0 可以配合 $\overline{\text{CS}}$、$\overline{\text{RD}}$ 和 $\overline{\text{WR}}$ 以完成向 8259A 写入命令字和读出状态字的操作。

$\overline{\text{CS}}$、$\overline{\text{RD}}$、$\overline{\text{WR}}$ 和 A0 组合功能及 8259A 在 PC 中的 I/O 端口地址见表 3-5。

表 3-5　8259A 的读/写操作 I/O 端口地址

$\overline{\text{CS}}$	$\overline{\text{WR}}$	$\overline{\text{RD}}$	A0	读/写操作	I/O 地址
0	0	1	0	写 ICW1、OCW2、OCW3	20H
0	0	1	1	写 ICW2～ICW4、OCW1	21H
0	1	0	0	读 IRR、ISR、查询字	20H
0	1	0	1	读 IMR	21H

4) 级联线(4 条)

(1) $\overline{\text{SP}}/\overline{\text{EN}}$：双向主从控制线，有两个作用。在 8259A 设定为缓冲方式时，SP 输出的低电平用于启动外部的数据总线驱动器，以增强 8259A 输入/输出数据的驱动能力。在 8259A 设定为非缓冲方式时，SP 为主片/从片的输入控制线。若 SP = 1，则本片为主片状态工作；若 SP = 0，则本片为从片状态工作。

(2) CAS0～CAS2：级联线。若 8259A 设定为主片，则 CAS0～CAS2 为输出线；若 8259A 设定为从片，则 CAS0～CAS2 为输入线。

5) 电源线(2 条)

(1) VCC：+5 V。

(2) GND：地线。

3. 8259A 命令字

8259A 有 7 个命令字，分别存放在 8259A 内部的 7 个专用寄存器中，由 CPU 通过程序设置。7 个命令字分为两组：初始化命令字 ICW 和操作命令字 OCW。

1) 初始化命令字 ICW

ICW(Initialization Command Word)命令字包括 ICW1、ICW2、ICW3 和 ICW4，用于给 8259A 初始化。初始化 8259A 时 ICW1 和 ICW2 两个命令字必须设置，ICW3 只有在多片 8259A 级联时才需要设置，ICW4 在 CPU 为 8086/8088 时或在多片 8259A 级联缓冲时才需要设置。

(1) ICW1：ICW1 称为芯片控制初始化命令字。ICW1 的格式如图 3-19 所示(图中标"×"的符号位在 8086/8088 系统中不用，可设为"0")。ICW1 由用户根据需要设定，写入 8259A 的偶地址端口(A0 = 0)。

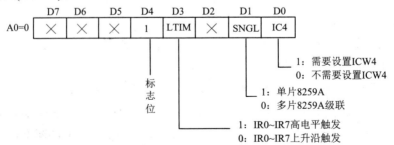

图 3-19　ICW1 的格式

(2) ICW2：初始化命令字 ICW2 是设置中断类型码的命令字，必须写到 8259A 的奇地址端口(A0 = 1)。ICW2 的格式如图 3-20 所示。在 8086 和 8088 系统中，T7～T3 为中断类

型号的高 5 位，中断类型号的低 3 位与 ICW2 中的 D2～D0 无关，但与 8259A IR0～IR7 上
的中断请求有关。

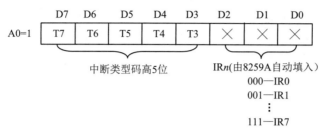

图 3-20　ICW2 的格式

(3) ICW3：ICW3 称为主片/从片标志命令字。仅在 8259A 级联(ICW1 中 D1 = 0)时使
用，必须写到 8259A 的奇地址端口(即 A0 = 1)中，CPU 送给主 8259A 和从 8259A 的 ICW3
格式是不相同的，如图 3-21 所示。送给主 8259A 的 ICW3 要根据其 IR0～IR7 上所接从片
的情况决定：若它的 IR0～IR7 中某位接有从片，则 ICW3 中相应位为"1"；否则应为"0"。
送给从 8259A 的 ICW3 取决于从片的 INT 线究竟与主 8259A IR0～IR7 中哪一个相连。

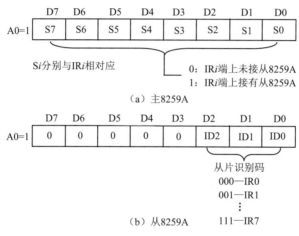

图 3-21　ICW3 的格式

在多片 8259A 级联情况下，主片和所有从片的 CAS2～CAS0 是以同名端方式互联的。
因此，主片在 CAS2～CAS0 上输出的编码可为它的所有从片接收，该编码和引起主片中断
的从片有关，对应关系见表 3-6。所有从片将从 CAS2～CAS0 上接收来的编码和 ICW3 中
ID0～ID2 位比较，只有比较相等的从 8259A 才会在第二个 $\overline{INTA}$ 负脉冲到来时把自身的中
断类型号送给 CPU。CPU 收到中断类型号后便可转入相应中断服务程序执行。

表 3-6　主 8259A 在 CAS2～CAS0 上输出的编码

输出编码	引起主片中断的 IR							
	IR0	IR1	IR2	IR3	IR4	IR5	IR6	IR7
ID2	0	0	0	0	1	1	1	1
ID1	0	0	1	1	0	0	1	1
ID0	0	1	0	1	0	1	0	1

(4) ICW4:ICW4 叫作方式控制初始化命令字,也必须写到 8259A 奇地址端口(A0 = 1)。在 ICW1 中的 D0 = 1 时,ICW4 必须设置,否则不设置。ICW4 的格式如图 3-22 所示。其中各位的作用为:D4 位用于设置特定完全嵌套方式(SFNM);D3 位用于设置缓冲方式(BUF);D2 位用于缓冲器方式下的主/从(M/S)选择;D1 位用于选择中断结束方式(AEOI);D0 = 1,8259A 用于 8088/8086,D0 = 0,8259A 用于 8080/8085。

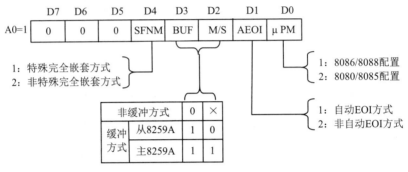

图 3-22　ICW4 的格式

2) 8259A 初始化编程

8259A 进入正常工作前,用户必须对系统中的每片 8259A 进行初始化。初始化是通过给 8259A 端口写入初始化命令字实现的,端口地址和硬件连线有关。8259A 初始化必须遵守固定次序,如图 3-23 所示。

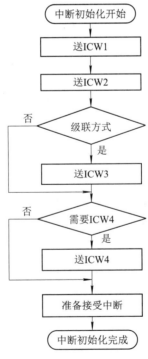

图 3-23　8259A 初始化流程

8259A 初始化时有以下几点值得注意:

(1) 初始化时 ICW1 必须写入偶地址端口(A0 = 0),ICW2~ICW4 写入奇地址端口

$(A0 = 1)$。

(2) ICW1～ICW4 的设置次序是固定的，不可颠倒。

(3) 在单片 8259A 所构成的中断系统中，8259A 的初始化仅需设置 ICW1、ICW2 和 ICW4；在多片 8259A 级联时，主片和从片 8259A 除设置 ICW1、ICW2 和 ICW4 外还必须设置 ICW3，而且主片和从片 8259A 的 ICW3 格式是不相同的。

3) 操作命令字 OCW

OCW(Operation Command Word)命令字包括 OCW1、OCW2 和 OCW3，用于设定 8259A 工作方式。设置 OCW 命令字的次序无严格要求，但端口地址是有限制的，即 OCW1 必须写入奇地址端口($A0 = 1$)，OCW2 和 OCW3 必须写入偶地址端口($A0 = 0$)。

(1) OCW1 称为中断屏蔽命令字，要求写入 8259A 的奇地址端口($A0 = 1$)。OCW1 的具体格式如图 3-24 所示。若 OCW1 中某位为"1"，则与该位相应的中断请求被屏蔽；若该位为"0"，则与该位相应的中断请求得到允许。例如，若把 0CW1=06H 命令字送给 8259A，则它的 IR2 和 IR1 上中断请求被屏蔽，其他中断请求将会得到允许。

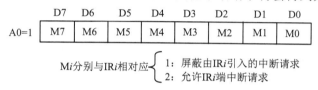

图 3-24　OCW1 的格式

(2) OCW2 称为中断模式设置命令字，要求写入 8259A 偶地址端口($A0 = 0$)。0CW2 的具体格式如图 3-25 所示。

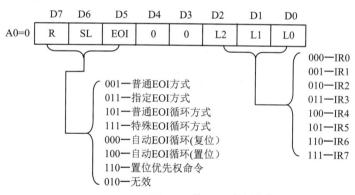

图 3-25　OCW2 的格式

OCW2 各位的含义说明如下：D7(R)为中断优先级循环模式设置位。若 R = 0，则表示是固定优先级，IR7 最低，IR0 最高；若 R = 1，则 8259A 处于优先级循环模式，一个优先级别高的中断服务结束后，它的优先级别变为最低，而下一个优先级变为最高级。

D6(SL)决定 OCW2 中 L2～L0 是否有效。若 SL = 0，则 OCW2 中 L2～L0 无效；若 SL = 1，则 OCW2 中 L2～L0 有效。

D5(EOI)为中断结束命令位。若 EOI = 1，则复位现行中断的 ISR 中的相应位，以便允许 8259A 再为其他中断源服务。在 ICW4 的 AEOI = 0(非自动 EOI)的情况下，需要在中断服务程序结束前用 OCW2 来复位现行中断的 ISR 的相应位。

在 SL = 1 时 L2～L0 这 3 位的作用为：作为指定 EOI 命令的一部分，用于指出 ISR 中哪一位需要清除；在指定优先级循环命令字中指示哪个中断优先级最低。

(3) OCW3 的格式如图 3-26 所示。OCW3 命令字有 3 个功能：设置或撤销特殊屏蔽模式；设置中断查票方式；设置读 8259A 内部寄存器模式。0CW3 必须写入 8259A 的偶地址端口(A0 = 0)。

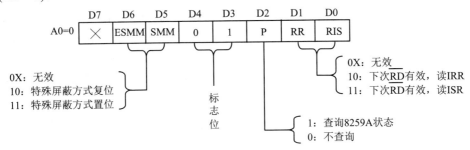

图 3-26 OCW3 的格式

D6D5：D6(ESMM)为特殊屏蔽模式位，D5(SMM)为特殊屏蔽控制位。若 ESMM = SMM = 1，则 8259A 处于特殊屏蔽模式；若 ESMM = 1，SMM = 0，则 8259A 撤销特殊屏蔽模式。

D2(P)：查票方式控制位。若 P = 0，则 8259A 处于非查票(正常)工作方式；若 P = 1，则 8259A 处于查票方式。

D1 和 D0：D1(RR)为读出控制位，D0(RIS)为寄存器选择位。若 RR = RIS = 1，则 8259A 处于读 ISR 方式；若 RR = 1，RIS = 0，则 8259A 处于读 IRR 方式；若 RR = 0，则禁止读 ISR 和 IRR。

4. 8259A 工作模式

8259A 有多种工作模式，这些模式都可由用户通过命令字设定，主要包括全嵌套中断模式、中断优先级循环模式、中断屏蔽模式、查票模式、状态读取模式等，下面对这 5 种模式做简单介绍。

1) 全嵌套中断模式

8259A 初始化后，不写任何 OCW 命令字，8259A 就处于全嵌套模式，便以全嵌套方式来处理 IR0～IR7 上的中断请求。

2) 中断优先级循环模式

在中断优先级循环模式下，各外设的中断优先级相等，都能得到机会均等的服务。优先级循环分为自动循环和指定循环两种：自动循环使现行服务的最高优先级的 ISR 复位，并把刚复位的 ISR 对应的中断请求指定为最低优先级，其他各个中断请求相应的轮转升级；指定循环允许程序员用编程办法改变优先级等级，由此也确定了最高优先级的中断。

3) 中断屏蔽模式

8259A 有普通屏蔽和特殊屏蔽两种中断屏蔽模式，前者由中断屏蔽命令(即 OCW1)建立，后者由特殊屏蔽命令(OCW3 中 D6D5)建立和清除。这两种模式都能对 8259A IR0～IR7 上的信号进行屏蔽，只是使用场合不同。

4) 查票模式

8259A 的查票模式由查票方式字设定，查票方式字为 0CH，由 OCW3 衍生。为了启动查票，CPU 必须在查票时首先关中断，然后给 8259A(查票对象)送一个查票方式字，8259A 收到查票方式字后便在下一个 RD 有效时(由 CPU 输入指令产生)把查票字送上数据总线，供 CPU 接收。CPU 对收到的查票字进行软件分析便可知 8259A 是否产生了中断请求。若有中断请求，则根据查票字中 W2W1W0 代码转入相应中断服务程序；若无中断请求，则返回主程序或继续对级联中的另一 8259A 进行查票。

5) 状态读取模式

为了了解 8259A 的工作状态，CPU 常常要读取 ISR、IRR 和 IMR 中的内容。对于 IMR 来说，只要端口地址中 A0 = 1，CPU 就可以在任意时刻用输入指令读取。

四、实验内容及步骤

1. 实验内容

利用 8088/8086 控制 8259A 可编程中断控制器，实现对外部中断的响应和处理。要求程序中对每次中断进行计数，并将计数结果以二进制形式在 LED 灯上显示出来。

说明：8088/8086 需要外接中断控制器才能对外部中断进行处理，在编程时应正确地设置可编程中断控制和工作方式，以及中断服务程序地址。8259A 可外接 8 个中断源，也可以多级连接以响应多个中断源，本实验只响应 INT0 中断，将单脉冲信号接到 8259A 的 INT0 引脚。每次中断时，可以观察 LED 数据灯会以二进制形式加 1 显示。

2. 实验步骤

(1) 实验接线如图 3-27 所示，8259A 片选信号 $\overline{CS}$ 接地址译码 $\overline{CS5}$，IR0 引脚接单脉冲信号，8255A 片选信号 $\overline{CS}$ 接地址译码 $\overline{CS0}$，PA0～PA7 接 LED0～LED7。按图所示连接实验箱。

(2) 运行伟福 Lab8000 集成调试软件，按照实验要求，完成实验程序，然后编译、链接。

(3) 运行程序，按动单脉冲信号键，观察 LED 灯的显示，验证程序功能。

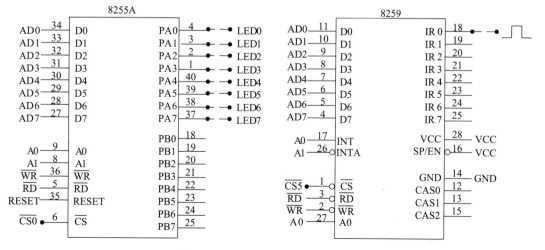

图 3-27　8259A 外部中断实验接线图

参考程序：

MODE	EQU	82H	；8255 工作方式
PA8255	EQU	8000H	；8255 PA 口输出地址
CTL8255	EQU	8003H	
ICW1	EQU	00010011B	；单片 8259，上升沿中断，要写 ICW4
ICW2	EQU	00100000B	；中断号为 20H
ICW4	EQU	00000001B	；工作在 8086/8088 方式
OCW1	EQU	11111110B	；只响应 INT0 中断
CS8259A	EQU	0D000H	；8259A 地址
CS8259B	EQU	0D001H	
DATA	SEGMENT		
CNT	DB	0	
DATA	ENDS		
CODE	SEGMENT		
	ASSUME CS:CODE, DS: DATA		
IENTER	PROC	NEAR	
	PUSH	AX	
	PUSH	DX	
	MOV	DX, PA8255	
	INC	CNT	
	MOV	AL, CNT	
	OUT	DX, AL	；输出计数值
	MOV	DX, CS8259A	
	MOV	AL, 20H	；中断服务程序结束指令
	OUT	DX, AL	
	POP	DX	
	POP	AX	
	IRET		
IENTER	ENDP		
IINIT	PROC		
	MOV	DX, CS8259A	
	MOV	AL, ICW1	
	OUT	DX, AL	
	MOV	DX, CS8259B	
	MOV	AL, ICW2	
	OUT	DX, AL	
	MOV	AL, ICW4	
	OUT	DX, AL	
	MOV	AL, OCW1	

```
            OUT      DX, AL
            RET
IINIT       ENDP
START       PROC     NEAR
            MOV      DX, CTL8255
            MOV      AL, MODE
            OUT      DX, AL
            CLI
            MOV      AX, 0
            MOV      DS, AX
            MOV      BX, 4*ICW2              ; 中断号
            MOV      AX, CODE
            SHL      AX, 4                   ; 乘以 16
            ADD      AX, OFFSET IENTER       ; 中断入口地址(段地址为 0)
            MOV      [BX], AX
            MOV      AX, 0
            INC      BX
            INC      BX
            MOV      [BX], AX                ; 代码段地址为 0
            CALL     IINIT
            MOV      AX, DATA
            MOV      DS, AX
            MOV      CNT, 0                  ; 计数值初始为 0
            MOV      AL, CNT
            MOV      DX, PA8255
            OUT      DX, AL
            STI
LP:                                          ; 等待中断，并计数
            NOP
            JMP      LP
START       ENDP
CODE        ENDS
            END START
```

五、实验思考题

(1) 简述 8086 系统的中断分类及优先级。

(2) 什么是中断类型码、中断向量、中断向量表？在基于 8086/8088 的微型计算机系统中，中断类型码和中断向量之间有什么关系？

(3) 试编写程序实现查询中断实验：调用查询中断方式，由 8259A 芯片根据查询结果

处理 8259A 芯片上引脚 IR0 和 IR1 请求的中断，IR0 请求则点亮 LED0，IR1 请求则点亮 LED1，以表明中断请求被准确处理。

3.1.5　D/A 转换实验

一、实验目的

(1) 学习 D/A 转换的基本原理。
(2) 掌握 DAC0832 的性能及编程方法。

二、预习要求

(1) 预习 DAC0832 的结构和使用方法。
(2) 预习 D/A 转换的基本原理。

三、实验原理

1. D/A 转换器 DAC0832 芯片简介

D/A 转换器 DAC0832 芯片的内部接线如图 1-13 所示。

DAC0832 主要性能参数如下：

(1) 分辨率：最小输出电压(对应于输入数字量最低位增 1 所引起的输出电压增量)和最大输出电压(对应于输入数字量所有有效位全为 1 时的输出电压)之比，位数越多,分辨率越高。

(2) 转换精度：如果不考虑 D/A 转换的误差，DAC 转换精度就是分辨率的大小，因此，要获得高精度的 D/A 转换结果，首先要选择有足够高分辨率的 DAC。

D/A 转换精度分为绝对转换精度和相对转换精度，一般用误差大小表示。

(3) 非线性误差：实际转换特性曲线与理想特性曲线之间的最大偏差，并以该偏差相对于满量程的百分数度量。转换器电路设计一般要求非线性误差不大于±1/2 LSB。

(4) 转换速率：实际是由建立时间来反映的。建立时间是指数字量为满刻度值(各位全为 1)时，DAC 的模拟输出电压达到某个规定值(如 90%满量程或±1/2 LSB 满量程)时所需要的时间。

(5) 建立时间：反映 D/A 转换速率快慢的一个重要参数。很显然，建立时间越长，转换速率越低。不同型号 DAC 的建立时间一般从几毫微秒到几微秒不等。若输出形式是电流，则 DAC 的建立时间是很短的；若输出形式是电压，则 DAC 的建立时间主要是输出运算放大器所需要的响应时间。

DAC0832 的具体性能参数值如表 3-7 所示。

表 3-7　DAC0832 性能参数表

性能参数	参数值	性能参数	参数值
分辨率/位	8	转换时间/μs	1
单电源/V	+5～+15	满刻度误差/LSB	±1
参考电压/V	−10～+10	数据输入电平	与 TTL 电平兼容

2. DAC0832 引脚功能

DAC0832 芯片引脚如图 3-28 所示。

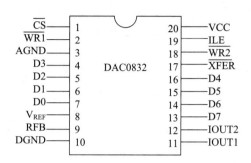

图 3-28　DAC0832 外部引脚图

图 3-28 中各引脚功能如下：

(1) D0～D7：8 位数据输入线，TTL 电平，有效时间应大于 90 ns(否则锁存器的数据会出错)。

(2) ILE：数据锁存允许控制信号输入线，高电平有效。

(3) $\overline{\text{CS}}$：片选信号输入线(选通数据锁存器)，低电平有效。

(4) $\overline{\text{WR1}}$：数据锁存器写选通输入线，负脉冲(脉宽应大于 500 ns)有效。由 ILE、$\overline{\text{CS}}$、$\overline{\text{WR1}}$ 的逻辑组合产生 LE1，当 LE1 为高电平时，数据锁存器状态随输入数据线变换，在 LE1 的负跳变时将输入数据锁存。

(5) $\overline{\text{XFER}}$：数据传输控制信号输入线，低电平有效，负脉冲(脉宽应大于 500 ns)有效。

(6) $\overline{\text{WR2}}$：DAC 寄存器选通输入线，负脉冲(脉宽应大于 500 ns)有效。由 $\overline{\text{WR2}}$、$\overline{\text{XFER}}$ 的逻辑组合产生 LE2，当 LE2 为高电平时，DAC 寄存器的输出随寄存器的输入而变化，在 LE2 的负跳变时将数据锁存器的内容存入 DAC 寄存器并开始 D/A 转换。

(7) IOUT1：电流输出端 1，其值随 DAC 寄存器的内容线性变化。

(8) IOUT2：电流输出端 2，其值与 IOUT1 值之和为一常数。

(9) RFB：反馈信号输入线，改变 RFB 端外接电阻值可调整转换满量程精度。

(10) VCC：电源输入端，VCC 的范围为+5～+15 V。

(11) V_{REF}：基准电压输入线，V_{REF} 的范围为−10～+10 V。

(12) AGND：模拟信号接地。

(13) DGND：数字信号接地。

3. DAC 的基本原理

DAC0832 芯片在进行 D/A 转换时，可以采用两种方法对数据进行锁存。

第一种方法是使输入寄存器工作在锁存状态，而 DAC 寄存器工作在不锁存状态。具体地说，就是使 $\overline{\text{WR2}}$ 和 $\overline{\text{XFER}}$ 都为低电平，则可使 DAC 寄存器的锁存端得不到有效电平；另一方面，使输入寄存器的有关控制信号中 ILE 处于高电平，CS 处于低电平，则当 $\overline{\text{WR1}}$ 端接收到一个负脉冲时，就可以完成一次数字量到模拟量的变换。

第二种方法是使输入寄存器工作在不锁存状态，而使 DAC 寄存器工作在锁存状态。

也就是使 $\overline{WR1}$ 为低电平，$\overline{CS}$ 为低电平，而 ILE 为高电平，则输入寄存器的锁存信号处于无效状态；另外，在 $\overline{WR2}$ 和 $\overline{XFER}$ 端输入一个负脉冲，从而使 DAC 寄存器工作在锁存状态。这样做，也可以达到锁存目的。

根据上述对 DAC0832 的输入寄存器和 DAC 寄存器不同的控制方法，DAC0832 有如下 3 种工作方式：

(1) 单缓冲方式。单缓冲方式是控制输入寄存器和 DAC 寄存器同时接收资料，或者只用输入寄存器而把 DAC 寄存器接成直通方式。此方式适用于只有一路模拟量输出或几路模拟量异步输出的情形。

(2) 双缓冲方式。双缓冲方式是先使输入寄存器接收资料，再控制输入寄存器输出资料到 DAC 寄存器，即分两次锁存输入资料。此方式适用于多个 D/A 转换同步输出的情形。

(3) 直通方式。直通方式是资料不经两级锁存器锁存，即 $\overline{WR1}$、$\overline{WR2}$、$\overline{XFER}$、$\overline{CS}$ 均接地，ILE 接高电平。此方式适用于连续反馈控制线路，不过在使用时，必须通过另加 I/O 接口与 CPU 连接，以匹配 CPU 与 D/A 转换。

四、实验内容及步骤

1. 实验内容

利用 D/A 转换，通过程序给出的数字量输入，经转换生成锯齿波。

说明：D/A 转换取值范围为一个周期，采样点越多，精度越高。

2. 实验步骤

(1) 实验接线如图 3-29 所示，DAC0832 的 DA_CS 接地址译码的 $\overline{CS0}$。

(2) 运行伟福 Lab8000 集成调试软件，按照实验要求，完成实验程序，然后编译、链接。

(3) 运行程序，打开仿真器中虚拟示波器窗口，或用示波器探头接 DAC0832 的 −5～+5 V 输出，观察波形。

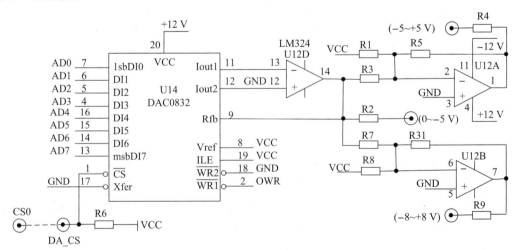

图 3-29　D/A 数模转换实验接线图

参考程序：

```
CS0832      EQU 0A000H
CODE        SEGMENT
            ASSUME CS:CODE
START       PROC      NEAR
AA:
            MOV       AL, 0
BB:
            MOV       DX, CS0832
            OUT       DX, AL
            INC       AL
            CMP       AL,0FFH
            JE        AA
            JMP       BB
            MP        $
START       ENDP
CODE        ENDS
            END START
```

五、实验思考题

(1) 分析 DAC0832 的工作方式的差异。

(2) 分别编写程序，实现输出为三角波和方波。

3.1.6　A/D 转换实验

一、实验目的

(1) 学习理解 A/D 信号转换的基本原理。

(2) 熟悉使用集成 ADC0809 芯片实现 8 位 A/D 转换的方法。

(3) 熟悉集成 ADC0809 的性能、引脚功能及其典型应用。

二、预习要求

(1) 预习 A/D 信号转换的基本原理。

(2) 预习 ADC0809 的性能、引脚功能及其典型应用。

三、实验原理

1. ADC0809 芯片简介

ADC0809 转换器的内部结构如图 3-30 所示。

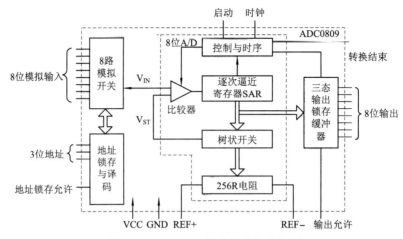

图 3-30 ADC0809 转换器内部结构图

ADC0809 芯片包括一个 8 位的逐次逼近型的 ADC 部分，并提供一个 8 通道的模拟多路开关和联合寻址逻辑。用它可直接输入 8 个单端的模拟信号，分时进行 A/D 转换，在多点巡回检测、过程控制等应用领域中使用非常广泛。ADC0809 芯片的主要技术指标如下：

(1) 分辨率：8 位。

(2) 单电源：+5 V。

(3) 总的不可调误差：±1 LSB。

(4) 转换时间：取决于时钟频率。

(5) 模拟输入范围：单极性 0～5 V。

(6) 时钟频率范围：10～1280 kHz。

2. ADC0809 芯片引脚功能

ADC0809 的外部引脚如图 3-31 所示。

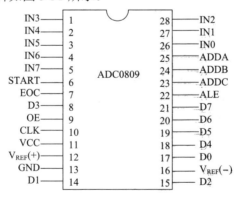

图 3-31 ADC0809 外部引脚图

图 3-31 中各引脚功能如下：

(1) IN7～IN0：8 路模拟量输入引脚。

(2) START：转换启动信号。START 接入上升沿信号时，复位 ADC0809；START 接收到下降沿信号时，启动芯片，开始进行 A/D 转换。在 A/D 转换期间，START 应保持低电平。该信号有时简写为 ST。

(3) EOC：转换结束信号。当 EOC=0 时，正在进行转换；当 EOC = 1 时，转换结束。使用中该状态信号既可作为查询的状态标志，又可作为中断请求信号使用。

(4) D7～D0：数据输出信号。输出的信号为三态缓冲输出形式，这 8 个引脚需与系统的数据线直接相连。其中，D7 位为最高位，D0 位为最低位。

(5) OE：输出允许信号，用于控制三态输出锁存器向系统输出转换得到的数据。OE=0 时，输出数据线呈高阻；OE=1 时，输出转换得到的数据。

(6) CLK：时钟信号。ADC0809 芯片内部没有时钟电路，所需时钟信号由外界提供，因此芯片上专门有一个引脚用于时钟信号的接入。该引脚接入的时钟信号通常使用的频率为 500 kHz。

(7) VCC：接+5 V 工作电源。

(8) V_{REF}：电源电压参考信号，用来与输入的模拟信号进行比较，作为逐次逼近的基准。其典型值为 $V_{REF}(+) = +5$ V，$V_{REF}(-) = -5$ V。

(9) GND：接地信号。

(10) ALE：地址锁存允许信号。对应 ALE 上跳沿，A、B、C 地址状态送入地址锁存器中。

(11) ADDA、ADDB、ADDC：通道端口选择线。A 为低地址，C 为高地址。

地址信号与选中通道的关系如表 3-8 所示。

表 3-8　地址与选中通道关系

地　　址			选中通道
A	B	C	
0	0	0	IN0
0	0	1	IN1
0	1	0	IN2
0	1	1	IN3
1	0	0	IN4
1	0	1	IN5
1	1	0	IN6
1	1	1	IN7

3. ADC0809 芯片的基本工作原理

A/D 转换器 ADC0809 芯片主要用于将模拟电量转换为相应的数字量，它是模拟系统到数字系统的接口电路。ADC0809 芯片在进行转换期间，要求输入的模拟电压保持不变，因此在对连续变化的模拟信号进行 A/D 转换前，需要对模拟信号进行离散处理，即在一系列选定时间上对输入的连续模拟信号进行采样，在样值的保持期间内完成对样值的量化和编码，最后输出数字信号。因此，ADC0809 芯片的 A/D 转换分为采样保持和量化与编码两步完成。

采样保持电路对输入模拟信号抽取样值，并展宽(保持)；量化是对样值脉冲进行分级，编码是将分级后的信号转换成二进制代码。在对模拟信号采样时，必须满足采样定理：采

样脉冲的频率 f_s 大于输入模拟信号最高频率分量的 2 倍，即 $f_s \geqslant 2f_{max}$。这样才能做到不失真地恢复出原模拟信号。

四、实验内容及步骤

1. 实验内容

利用实验板上的 ADC0809 做 A/D 转换器，实验板上的电位器提供模拟量输入，编制程序，将模拟量转换成二进制数字量，用 8255A 的 PA 口输出到发光二极管显示。

说明：A/D 转换器大致有三类：一是双积分 A/D 转换器，优点是精度高，抗干扰性好，价格便宜，但速度慢；二是逐次逼近 A/D 转换器，精度、速度、价格适中；三是并行 A/D 转换器，速度快，价格也昂贵。本实验用的 ADC0809 属于第二类，是 8 位 A/D 转换器。每采集一次一般需 100 μs。本程序是用延时查询方式读入 A/D 转换结果，也可以用中断方式读入结果。在中断方式下，A/D 转换结束后会自动产生 EOC 信号，将其与 CPU 的外部中断相接。

2. 实验步骤

(1) 实验接线如图 3-32 所示，按图所示连接实验箱。

(2) 运行伟福 Lab8000 集成调试软件，按照实验要求，完成实验程序，然后编译、链接。

(3) 运行程序，旋转电位器旋钮，观察 LED 灯显示的二进制结果。

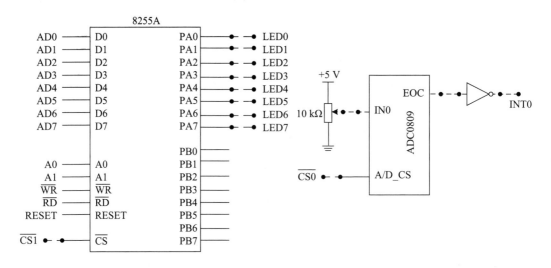

图 3-32　A/D 转换实验接线图

参考程序：

```
MODE      EQU       082H          ; 8255 的工作方式，A 口方式 0 输出，B 口方式 0 输入
PA        EQU       09000H        ; A 口地址
CTL       EQU       09003H        ; 控制口地址
CS0809    EQU       08000H        ; AD0809 端口地址
CODE      SEGMENT
          ASSUME  CS:CODE
```

```
START       PROC      NEAR
            MOV       AX, 1234H
            MOV       BX, 5678H
            ADD       AX, BX
            MOV       BX, 400H
            MOV       [BX], AX
            MOV       AL, MODE      ；8255A 初始化，送入工作方式控制字
            MOV       DX, CTL
            OUT       DX, AL
AGAIN:
            MOV       AL, 0
            MOV       DX, CS0809
            OUT       DX, AL        ；启动 A/D
            MOV       CX, 40H
            LOOP      $             ；延时大于 100 μs
            IN        AL, DX        ；读入结果
            MOV       DX, PA
            OUT       DX, AL        ；将读入的数据输出到 A 口
            JMP       AGAIN
CODE        ENDS
            END       START
```

五、实验思考题

(1) 不检测 ADC0809 的 EOC 端，采用什么方法可以得到正确的 A/D 转换后的数字量？

(2) ADC0809 的时钟源是如何得到的？该时钟源与转换速率之间是什么关系？

3.2　8086/8088 硬件拓展实验

3.2.1　数码管显示实验

一、实验目的

(1) 掌握数码管静态显示和动态显示的基本原理。

(2) 掌握用总线方式控制数码管显示。

二、预习要求

(1) 预习数码管显示器的工作原理。

(2) 预习实验箱数码管显示电路接线图。

三、实验原理

1. LED 数码管显示器的工作原理

七段 LED 数码显示器由 8 个发光二极管组成。根据内部发光二极管的连接形式不同，LED 有共阴极和共阳极两种。所有发光二极管的阳极连在一起称为共阳极 LED；所有发光二极管的阴极连在一起称为共阴极 LED。LED 的结构及连接图如图 3-33 所示。

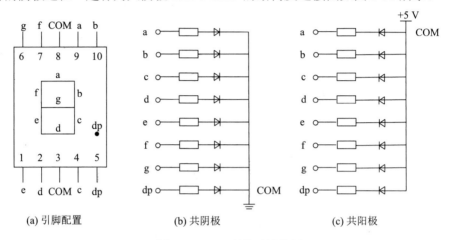

(a) 引脚配置　　　　　　(b) 共阴极　　　　　　(c) 共阳极

图 3-33　LED 结构及连接图

要显示某字形就应使此字形的相应段的二极管点亮，实际上就是送一个用不同电平组合代表的数据字(显示码)来控制 LED 的显示，此数据称为字符的段码或字形。段码与 LED 显示器各段的对应关系如表 3-9 所示。

表 3-9　段码与 LED 各段的对应关系

D7	D6	D5	D4	D3	D2	D1	D0
dp	g	f	e	d	c	b	a

其中 dp 为小数点段，字符 0~9 及 A~F 的段码(字形码)如表 3-10 所示。

表 3-10　常用字符段码表

字符	dp	g	f	e	d	c	b	a	段码 (共阴)	段码 (共阳)
0	0	0	1	1	1	1	1	1	3FH	C0H
1	0	0	0	0	0	1	1	0	06H	F9H
2	0	1	0	1	1	0	1	1	5BH	A4H
3	0	1	0	0	1	1	1	1	4FH	B0H
4	0	1	1	0	0	1	1	0	66H	99H
5	0	1	1	0	1	1	0	1	6DH	92H
6	0	1	1	1	1	1	0	1	7DH	82H

续表

字符	dp	g	f	e	d	c	b	a	段码（共阴）	段码（共阳）
7	0	0	0	0	0	1	1	1	07H	F8H
8	0	1	1	1	1	1	1	1	7FH	80H
9	0	1	1	0	1	1	1	1	6FH	90H
A	0	1	1	1	0	1	1	1	77H	88H
B	0	1	1	1	1	1	0	0	7CH	83H
C	0	0	1	1	1	0	0	1	39H	C6H
D	0	1	0	1	1	1	1	0	5EH	A1H
E	0	1	1	1	1	0	0	1	79H	86H
F	0	1	1	1	0	0	0	1	71H	8EH
−	0	1	0	0	0	0	0	0	40H	BFH
.	1	0	0	0	0	0	0	0	80H	7FH
熄灭	0	0	0	0	0	0	0	0	00H	FFH

LED 显示器的译码方法有硬件译码法和软件译码法两种。

硬件译码法采用 BCD 译码器/驱动器(如 4511、74LS48 等)，通过译码把一位 BCD 码数翻译为相应的字形码，然后由驱动器提供足够的功率去驱动发光二极管；软件译码法由软件完成译码功能，该方式显示字形较多，可由用户自己编码决定。

2. LED 数码管的显示方法

LED 显示器的显示方式分为静态显示和动态显示两种。

静态显示方式要求每位 LED 显示器的公共端(COM)必须接地(共阴极)或接高电平(共阳极)。而每位 LED 显示器都由一个具有锁存功能的 8 位端口去控制。

静态显示器接口电路在字位数较多时电路比较复杂，需要的接口芯片较多，成本也较高。因此，在实际应用中常常采用动态显示器接口电路。

动态扫描显示方式是微机应用系统中最常用的显示方式之一。它是把所有显示器的同名字段互相连接在一起，并把它们连到字形口上。为了防止各个显示器同时显示出相同的字符，每个显示器的公共端(COM)还要受另一组信号控制，即把它们接到字位口上。这样对于一组 LED 数码显示器需要有两种信号控制：一组是字形口输出的字形码，用来控制显示内容；另一组是字位口输出的字位码，用来控制将字符显示在第几位显示器上。在这两组信号的控制下使各个显示器依次从左至右轮流点亮一遍，过一段时间再轮流点亮一遍，如此不断重复。虽然在任意时刻只有一位显示器被点亮，但由于显示器具有余辉效应，而人眼又具有视觉惰性，所以看起来与全部显示器持续点亮效果完全一样。

3. 数码管显示电路

伟福实验箱的 LED 显示和键盘电路如图 3-34 所示。

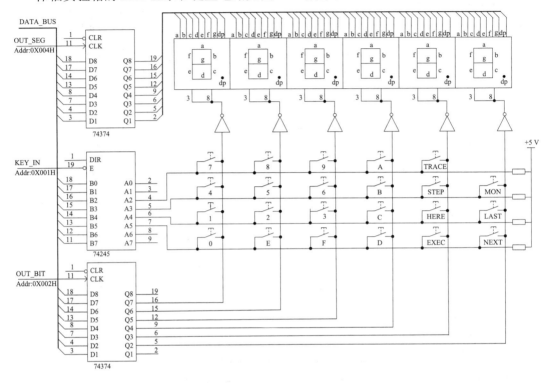

图 3-34　LED 显示和键盘电路

　　将拨动开关拨到"内驱"位置，显示和键盘工作于内驱方式，显示控制的位码通过总线由 74HC374 输出，经 ULN2003 反向驱动后，作为 LED 的位选通信号。位选通信号也可作为键盘列扫描码，键盘扫描的行数据从 74HC245 读回，74HC374 输出的列扫描码经 74HC245 读入后，用来判断是否有键被按下，以及按下的是什么键。如果没有键被按下，由于上拉电阻的作用，经 74HC245 读回的值为高，如果有键按下，则 74HC374 输出的低电平经过按键被接到 74HC245 的端口上，这样从 74HC245 读回的数据就会有低位，根据 74HC374 输出的列信号和 74HC245 读回的行信号，就可以判断哪个键被按下。LED 显示的段码由另一个 74HC374 输出。

　　做键盘和 LED 实验时，需将 KEY/LED_CS 接到相应的地址译码上。位码输出地址为 0X002H，段码输出地址为 0X004H，键盘行码读回地址为 0X001H，此处 X 是地址高 4 位，由 KEY/LED_CS 决定。例如，将 KEY/LED_CS 接到地址译码的 CS0 上，那么位码输出地址就为 08002H，段码输出地址就是 08004H，键盘行码读回地址为 08001H。

四、实验内容及步骤

1. 实验内容

　　利用实验箱提供的显示电路，用动态扫描的方式显示一行数据 135790。

　　说明：本实验箱提供了 6 位八段码 LED 显示电路，只要按地址输出相应数据，就可以实现对显示器的控制。显示共有 6 位，用动态扫描方式显示。8 位段码、6 位位码是由两片 74LS374 输出的。位码经 MC1413 或 ULN2003 倒相驱动后，选择相应显示位。

本实验箱中 8 位段码输出地址为 0X004H，位码输出地址为 0X002H。此处 X 是由 KEY/LED_CS 决定的，参见地址译码。做键盘和 LED 实验时，需将 KEY/LED_CS 接到相应的地址译码上，以便用相应的地址来访问。例如，将 KEY/LED CS 接到 CS0 上，则段码地址为 08004H，位码地址为 08002H。

数码管动态扫描显示子程序流程图如图 3-35 所示。

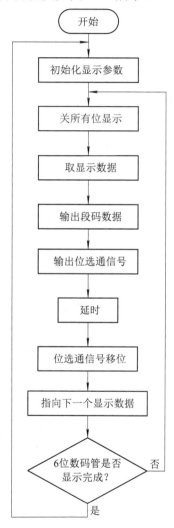

图 3-35　动态扫描显示子程序流程图

2. 实验步骤

(1) 本实验采用模拟总线方式驱动八段数码管(简称八段管)，应将八段管的驱动方式选择开关拨到"内驱"位置，同时将八段管的 KEY/LED_CS 片选接到 CS0。

(2) 运行伟福 Lab8000 集成调试软件，按照要求完成实验程序，然后编译、链接。

(3) 运行程序，观察数码管的显示结果。

部分参考程序：

```
        DISPLAYLED PROC NEAR          ; 动态扫描显示子程序
L1:
        MOV     BX, OFFSET LEDBUF      ; 数组 LEDBUF 缓存 6 个即将显示的数字
        MOV     CL, 6                  ; 共 6 个八段管
        MOV     AH, 00100000B          ; 从左边开始显示
DLOOP:
        MOV     DX, OUTBIT
        MOV     AL, 0
        OUT     DX,AL                  ; 关闭所有八段管
        MOV     AL, [BX]               ; 把对应的数送给段控制口
        MOV     DX, OUTSEG
        OUT     DX,AL
        MOV     DX, OUTBIT
        MOV     AL, AH
        OUT     DX, AL                 ; 显示一位八段管
        PUSH    AX
        MOV     AH, 1
        CALL    DELAY
        POP     AX
        SHR     AH, 1                  ; 位码右移一位
        INC     BX                     ; 取出下一位数字
        DEC     CL
        JNZ     DLOOP                  ; 循环显示下一位数码管
        JMP     L1                     ; 循环结束，重新读取数组
        MOV     DX, OUTBIT
        MOV     AL, 0
        OUT     DX,AL                  ; 关闭所有八段管
        RET
        DISPLAYLED ENDP
```

五、实验思考题

编程实现：8255A 的 C 口接 8 个开关(K0～K7)，当合上某一开关时，6 个数码管同时显示相应开关(0～7)对应的数字。

3.2.2　键盘扫描实验

一、实验目的

(1) 掌握键盘和显示器的接口方法与编程方法。

(2) 掌握键盘扫描的工作原理。

二、预习要求

(1) 预习键盘消抖处理的方法。
(2) 预习键盘的工作原理和扫描方式。

三、实验原理

计算机系统所用的键盘通常有编码键盘和非编码键盘两种。非编码键盘即用软件来识别键盘上的闭合键，并计算出键值，这种键盘结构简单(几乎不需要附加硬件逻辑)。非编码键盘的接口设计中应考虑按键消抖、按键确认、按键识别和键盘的工作方式等问题。

1. 按键消抖处理

按键实际就是一种常用的按钮，按键未按下时，键的两个触点处于断开状态，按键按下时，两个触点闭合。

键盘上的按键大多数是利用机械触点来实现键的闭合与释放，由于弹性作用的影响，机械触点在闭合及断开瞬间均有抖动过程，从而使按键输入电压信号也出现抖动，如图 3-36 所示。

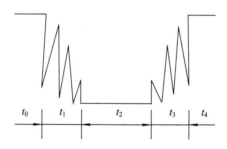

t_0　t_1　　t_2　　t_3　t_4

图 3-36　按键输入波形

抖动时间 t_1 与 t_3 的长短与按键的机械特性有关，一般为 5～10 ms。按键的稳定闭合时间 t_2 由操作人员的按键动作所确定，一般为几百毫秒至几秒。为了保证系统对按键的一次闭合仅做一次按键输入处理，必须进行消抖处理。一般可用硬件或软件的办法来消抖。

2. 按键的工作原理

非编码键盘可以分为独立式键盘和矩阵式键盘两类。

1) 独立式键盘

独立式键盘一般是指直接用 I/O 口线外接按钮构成，每个按键单独占用一根 I/O 口线，I/O 口线间的工作状态互不影响。当某一按键闭合时，对应口线输入低电平，释放时输入高电平。要判断是否有按键压下，只需用位操作指令即可。

2) 矩阵式键盘

当按键数较多时，为了少占用 I/O 口线，通常采用矩阵式(又称行列式)键盘接口电路。图 3-37 所示为一个 3×3 的矩阵式键盘。图中列线通过电阻接 +5 V，下面以此为例说明其工作原理。

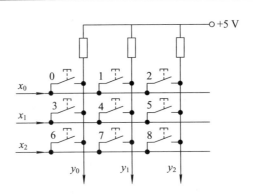

图 3-37　矩阵式键盘结构

(1) 测试有无按键按下。当键盘上没有按键闭合时，所有的行线与列线断开，列线 $y_0 \sim y_2$ 都呈高电平。当键盘上某一个按键闭合时，则该按键所对应的列线与行线短接。例如，4 号按键按下闭合时，行线 x_1 和列线 y_1 短接，此时 y_1 的电平由 x_1 行线的电位所决定。如果使所有的行线输出初始化为低电平，读列线状态，若读到的列线状态全为"1"，则无按键按下，若读到的列线状态不全为"1"，则有按键按下。

(2) 确定被按下按键的物理位置。键盘中究竟哪一个按键被按下，是通过行线逐行输出低电平后检查列线的状态来确定的。其方法是使行线 x_0(第 0 行)输出低电平，x_1、x_2 都输出高电平，读列线状态。如果 y_0(第 0 列)、y_1、y_2 均为高电平，则 x_0 这行上没有按键按下；如果读出的列线状态不全为高电平，则为低电平的列线与 x_0 相交处的按键被按下。如果 x_0 这一行上没有闭合键，则再使 x_1 输出低电平，重复上述操作。以此类推，判断被按下键的物理位置。这种逐行地检查键盘状态的过程称为对键盘的扫描。

(3) 计算键值。如图 3-38 所示，键值是按从左到右、从上至下的顺序编排的，按这种编排规律，各行的行首键给以固定的编号(0，3，6)，此编号(称为行首键号)为行号与列数的乘积。被按下的按键的键值(N)的计算公式为：N = 行首键号 + 列号。

(4) 判断闭合按键是否释放。按键闭合一次应仅进行一次按键功能操作。计算键值以后，再以延时和扫描的方式等待并判定按键是否释放，释放以后再做处理。CPU 对键盘扫描可采取程序控制的随机方式，即 CPU 空闲时扫描键盘；也可以采取定时控制方式，即每隔一定时间 CPU 对键盘扫描一次；还可以采用中断方式，每当键盘上有按键闭合时，向 CPU 申请中断，CPU 响应键盘输入的中断，对键盘进行扫描，以识别哪一个按键处于闭合状态，并对键盘输入的信息做出相应处理。CPU 对键盘上闭合按键的键号确定，可以根据行线和列线的状态计算求得，也可以根据行线和列线状态查表求得。

本实验箱提供了一个 6×4 的矩阵键盘，如图 3-34 所示，向列扫描码地址(0X002H)逐列输出低电平，然后从行码地址(0X001H)读回。如果有键按下，则相应行的值应为低；如果无键按下，则由于上拉的作用，行码为高电平。这样就可以通过输出的列码和读取的行码来判断按下的是什么键。在判断有键按下后，采用一定的延时，防止键盘抖动。地址中的 X 是由 KEY/LED CS 决定的，参见地址译码。做键盘和 LED 实验时，需将 KEY/LED CS 接到相应的地址译码上，以便用相应的地址来访问。例如，将 KEY/LED CS 信号接 CS0 上，则列扫描地址为 08002H，行码地址为 08001H。

四、实验内容及步骤

1. 实验内容

在数码管显示实验的基础上，利用实验箱提供的键盘扫描电路和显示电路做一个扫描键盘和数码显示实验，把按键输入的键码在 6 位数码管上显示出来。

说明：实验程序可分成 3 个模块：键输入模块、显示模块和主程序。键输入模块扫描键盘、读取一次键盘并将键值存入键值缓冲单元；显示模块将显示单元的内容在显示器上动态显示；主程序调用键输入模块和显示模块。主程序流程图如图 3-38 所示，键输入模块子程序流程图如图 3-39 所示。

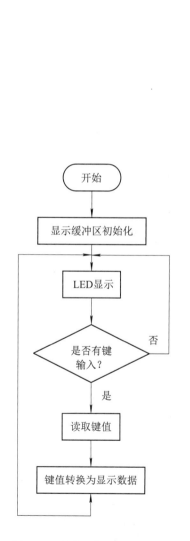

图 3-38　键盘扫描主程序流程图

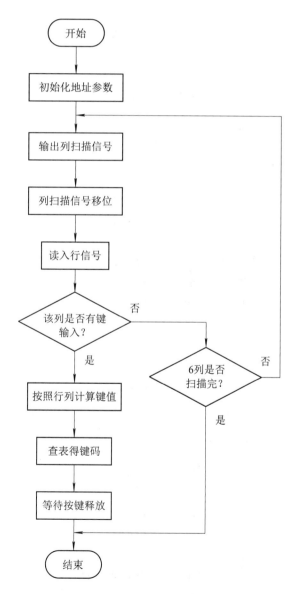

图 3-39　键输入模块子程序流程图

2. 实验步骤

(1) 本实验采用模拟总线方式驱动八段数码管，应将八段管的驱动方式选择开关拨到"内驱"位置，同时将八段管的 KEY/LED_CS 片选接到 CS0。

(2) 运行伟福 Lab8000 集成调试软件，按照要求完成实验程序，然后编译、链接。

(3) 运行程序，按下任一按键，观察数码管的显示结果。

部分参考程序：

```
GETKEY   PROC NEAR                    ; 获取键值子程序
         MOV    CH, 00100000B
         MOV    CL, 6
KLOOP:
         MOV    DX, OUTBIT
         MOV    AL, CH                 ; 找出键所在列
         NOT    AL
         OUT    DX, AL
         SHR    CH, 1
         MOV    DX, IN_KEY
         IN     AL, DX
         NOT    AL
         AND    AL, 0FH
         JNE    GOON_                  ; 该列有键入
         DEC    CL
         JNZ    KLOOP
         MOV    CL, 0FFH               ; 没有键按下，返回 0FFH
         JMP    EXIT1
GOON_:
         DEC    CL
         SHL    CL, 2                  ; 键值 = 列×4 +行
         MOV    CH, 4
LOOPC:
         TEST   AL, 1
         JNZ    EXIT1
         SHR    AL, 1
         INC    CL
         DEC    CH
         JNZ    LOOPC
EXIT1:
         MOV    DX, OUTBIT
         MOV    AL, 0
         OUT    DX, AL
```

```
            MOV     CH, 0
            MOV     BX, OFFSET KEYTABLE
            ADD     BX, CX
            MOV     AL, [BX]              ; 取出键码
            MOV     BL, AL
WAITRELEASE:
            MOV     DX, OUTBIT
            MOV     AL, 0
            OUT     DX, AL                ; 等键释放
            MOV     AH, 10
            CALL    DELAY
            CALL    TESTKEY
            JNE     WAITRELEASE
            MOV     AL, BL
            RET
GETKEY      ENDP
```

五、实验思考题

编程实现：在实验例程的基础上(实验例程只能显示一个按键码)，当按下键盘的某几位数字(如个、十、百、千等)时，数码管顺次左移显示相应的数字。

3.2.3 电子时钟实验

一、实验目的

(1) 进一步掌握定时器的使用和编程方法。
(2) 进一步掌握中断处理程序的编程方法。
(3) 进一步掌握数码显示电路的驱动方法。

二、预习要求

(1) 预习电子时钟的显示原理。
(2) 预习数码管动态扫描的显示原理。

三、实验原理

本实验利用 8253 做定时器，用定时器输出的脉冲信号来控制 8259 产生中断，在中断处理程序中对时、分、秒进行计数，在等待中断的循环中用 LED 显示时间。

定时器每 100 μs 中断一次，在中断服务程序中，对中断次数进行计数，100 μs 计数 10 000 次就是 1 s。然后再对秒计数得到分，再对分计数得到小时值，并送入显示缓冲区。显示子程序模块可参照 3.2.1 节和 3.2.2 节。主程序流程图如图 3-40 所示，中断服务子程序流程图如图 3-41 所示。

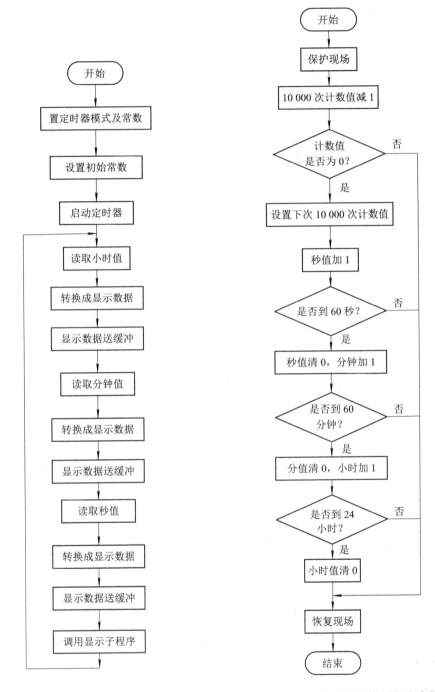

图 3-40　电子时钟主程序流程图　　　图 3-41　电子时钟中断服务子程序流程图

四、实验内容及步骤

1. 实验内容

利用 CPU 的定时器和实验箱上提供的数码显示电路，设计一个电子时钟。其格式为

XX XX XX，由左向右分别为时、分、秒。

2. 实验步骤

(1) 按要求完成接线：本实验 8253 用定时器/计数器 1，8253 片选接 CS4，地址为 0C000H；8253 时钟源 CLK1 接分频电路的 F/64 输出，分频器的 Fin 接 4 MHz 时钟；8253 的 GATE1 接 VCC；8259 中断 INT0 接 8253 的 OUT1，片选接 CS5，地址为 0D000H；显示电路的 KEY/LED CS 接 CS0，地址为 08000H。实验接线如图 3-42 所示。

(2) 运行伟福 Lab8000 集成调试软件，按照要求完成实验程序，然后编译、链接。

(3) 运行程序，观察数码管的显示结果。

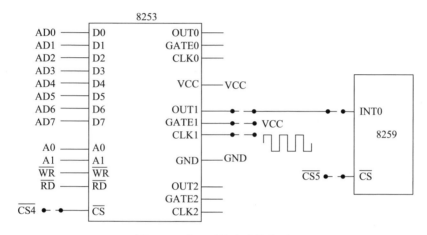

图 3-42　电子时钟实验接线图

部分参考程序：

```
IENTER   PROC    NEAR              ; 中断服务子程序
         PUSH    AX
         PUSH    DX
         INC     SECOND
         MOV     AL, SECOND
         CMP     AL, 60
         JNE     EXIT
         MOV     SECOND, 0
         INC     MINUTE
         MOV     AL, MINUTE
         CMP     AL, 60
         JNE     EXIT
         MOV     MINUTE, 0
         INC     HOUR
         MOV     AL, HOUR
         CMP     AL, 24
         JNE     EXIT
```

```
            MOV      HOUR, 0
     EXIT:
            MOV      DX, CS8259A
            MOV      AL, 20H                    ; 中断服务程序结束指令
            OUT      DX, AL
            POP      DX
            POP      AX
            IRET
     IENTER ENDP
```

五、实验思考题

编程实现：在实验例程的基础上，加一个初始化电子时钟的功能，使用户能随时修改时间。

3.2.4 液晶显示控制实验

一、实验目的

(1) 了解液晶显示屏的控制原理及方法。
(2) 了解点阵汉字的显示原理。

二、预习要求

(1) 预习 SED1520 芯片的功能特性和读/写操作时序。
(2) 预习 SED1520 芯片的指令系统。

三、实验原理

本实验箱采用的液晶显示屏内置控制器为 SED1520。

1. SED1520 的特性

(1) 内置显示 RAM 区 RAM 容量为 2560 位。RAM 中的 1 位数据控制液晶屏上一个点的亮灭状态："1"表示亮，"0"表示暗。

(2) 具有 16 个行驱动口和 16 个列驱动口。

(3) 可直接与 80 系列微处理器相连，亦可直接与 68 系列微处理器相连。

(4) 驱动占空比为 1/16 或 1/32。

(5) 可以与 SED1520 配合使用，以便扩展列驱动口数目。

2. SED1520 的指令系统

SED1520 液晶显示驱动器共有 13 种显示指令，下面分别介绍这 13 种指令。

(1) 读状态字：当 SED1520 处于"忙"状态时，除了读状态指令，其他指令均不起任何作用，因此在访问 SED1520 时，都要先读一下状态，判断是否"忙"；BUSY 为 1 是忙状态，为 0 是准备好状态；ADC 为 1 是正常输出(右向)，为 0 是反向输出(左向)；OFF/ON

为 1 显示关闭，为 0 显示打开；RESET 为 1 是复位状态，为 0 是正常状态，格式见表 3-11。

表 3-11　SED1520 读状态字格式

R/W	A0	D7	D6	D5	D4	D3	D2	D1	D0
1	0	BUSY	ADC	OFF/ON	RESET	0	0	0	0

(2) 复位指令，执行该指令后，使显示起始行置为第 0 行，列地址置为 0，页地址置为 3，格式见表 3-12。

表 3-12　复位格式

R/W	A0	D7	D6	D5	D4	D3	D2	D1	D0
0	0	1	1	1	0	0	0	1	0

(3) 占空比选择：D0=0 占空比为 1/16，D0=1 为 1/32。驱动 32 行液晶显示时，使 D0 为 1；驱动 16 行时，使 D0 为 0。占空比选择格式见表 3-13。

表 3-13　占空比选择格式

R/W	A0	D7	D6	D5	D4	D3	D2	D1	D0
0	0	1	0	1	0	1	0	0	0/1

(4) 显示起始行设置：该指令设置了对应显示屏上首次显示的行号。有规律地修改该行号，可实现滚屏功能。具体格式见表 3-14。

表 3-14　显示起始行设置格式

R/W	A0	D7	D6	D5	D4	D3	D2	D1	D0
0	0	1	1	0	显示起始行 0~31				

(5) 终止驱动选择：该指令用软件终止 SED1520 的 LCD 驱动的输出，使系统在不显示状态下停止对 LCD 的驱动输出，从而降低系统的功耗，终止驱动指令须在关显示状态下输入。D0=1 为终止驱动，D0=0 为正常驱动。具体格式见表 3-15。

表 3-15　终止驱动选择格式

R/W	A0	D7	D6	D5	D4	D3	D2	D1	D0
0	0	1	0	1	0	0	1	0	0/1

(6) ADC 选择指令：该指令用来设置列驱动输出口与液晶屏的列驱动线的连接方式，一般设为 0。具体格式见表 3-16。

表 3-16　ADC 选择指令格式

R/W	A0	D7	D6	D5	D4	D3	D2	D1	D0
0	0	1	0	1	0	0	0	0	0/1

(7) 显示开/关指令：D0=1 为开显示；D0=0 为关显示。该指令不影响显示 RAM 内容。具体格式见表 3-17。

表 3-17　显示开/关指令格式

R/W	A0	D7	D6	D5	D4	D3	D2	D1	D0
0	0	1	0	1	0	1	1	1	0/1

(8) 设置页/列地址：显示 RAM 被分成 4 页，每页 80 个字节，当设置了页地址和列地址后，就确定了显示 RAM 中的唯一单元，该单元由高到低的各个数据位对应于显示屏上某一列的 8 行数据位。设置页地址格式见表 3-18，设置列地址格式见表 3-19。

表 3-18   设置页地址格式

R/W	A0	D7	D6	D5	D4	D3	D2	D1	D0
0	0	1	0	1	1	1	1	0	页地址 0～3

表 3-19   设置列地址格式

R/W	A0	D7	D6	D5	D4	D3	D2	D1	D0
0	0	0	列地址 0～79						

(9) 改写方式设置指令：该指令发出后，使得每次写数据后列地址自动增 1，而读数据后列地址仍保持原值不变。这种称为"改写模式"(Read Modify Write)的方式，为逐个读取像点修改的工作提供了方便。具体格式见表 3-20。

表 3-20   改写方式设置指令格式

R/W	A0	D7	D6	D5	D4	D3	D2	D1	D0
0	0	1	1	1	0	0	0	0	0

(10) 改写方式结束指令：该指令执行后，将结束改写方式，以后无论读或写数据后，列地址都加 1。具体格式见表 3-21。

表 3-21   改写方式结束指令格式

R/W	A0	D7	D6	D5	D4	D3	D2	D1	D0
0	0	1	1	1	0	1	1	1	0

(11) 写/读数据：正常状态下，写数据或读数据后，列地址将自动加 1。写/读数据指令格式见表 3-22。

表 3-22   写/读数据指令格式

R/W	A0	D7	D6	D5	D4	D3	D2	D1	D0
0	0	显示数据							

四、实验内容及步骤

1. 实验内容

利用实验上的液晶显示屏电路，编写程序控制显示，输出汉字。

说明：本实验箱采用的液晶显示屏内置控制器为 SED1520，点阵为 122×32，需要两片 SED1520 组成，由 E1、E2 分别选通，以控制显示屏的左右两半屏。图形液晶显示模块有两种连接方式，一种为直接控制方式，一种为间接控制方式。本实验箱采用直接控制方式。

直接控制方式就是将液晶显示模块的接口作为存储器或 I/O 设备直接挂在计算机总线上。计算机通过地址译码控制 E1 和 E2 的选通；读/写操作信号 R/W 由地址线 A1 控制；

命令/数据寄存器选择信号 A0 由地址线 A0 控制。实际电路如图 1-18 所示。地址映射关系
如表 3-23 所示(地址中的 X 由 LCD CS 决定，可参见 1.2 节地址译码部分说明)，液晶显示
控制程序流程图如图 3-43 所示。

表 3-23　地址映射关系

0X000H	0X001H	0X002H	0X003H	0X004H	0X005	0X006H	0X007H
写 E1 指令	写 E1 数据	读 E1 状态	读 E1 数据	写 E2 指令	写 E2 数据	读 E2 状态	读 E2 数据

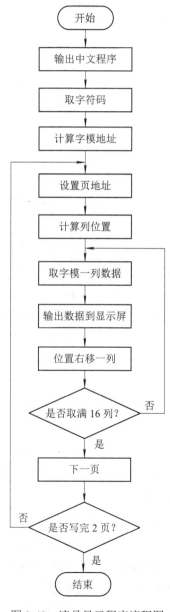

图 3-43　液晶显示程序流程图

2. 实验步骤

(1) 实验接线只需要将 LCD_CS 接至 CS0 即可。

(2) 运行伟福 Lab8000 集成调试软件，按照要求完成实验程序，然后编译、链接。

(3) 运行程序，观察实验结果。

部分参考程序：

PRO	PROC	NEAR	;1.写指令代码子程序(E1)
	MOV	DX,CRADD1	;设置读状态字地址
PR01:	IN	AL,DX	;读状态字
	TEST	AL,80H	
	JNZ	PR01	;判"忙"标志为"0"，否则再读
	MOV	DX,CWADD1	;设置写指令代码地址
	MOV	AL,AH	;取指令代码
	OUT	DX,AL	;写指令代码
	RET		
PRO	ENDP		
PR1	PROC	NEAR	;2.写显示数据子程序(E1)
	MOV	DX,CRADD1	;设置读状态字地址
PR11:	IN	AL,DX	;读状态字
	TEST	AL,80H	
	JNZ	PR11	;判"忙"标志为"0"，否则再读
	MOV	DX,DWADD1	;设置写显示数据地址
	MOV	AL,DAT	;取数据
	OUT	DX,AL	;写数据
	RET		
PR1	ENDP		
PR2	PROC	NEAR	;3.读显示数据子程序(E1)
	MOV	DX,CRADD1	;设置读状态字地址
PR21:	IN	AL,DX	;读状态字
	TEST	AL,80H	
	JNZ	PR21	;判"忙"标志为"0"，否则再读
	MOV	DX,DRADD1	;设置读显示数据地址
	IN	AL,DX	;读数据
	MOV	DAT,AL	;存数据

	RET		
PR2	ENDP		
PR3	PROC	NEAR	;4.写指令代码子程序(E2)
	MOV	DX,CRADD2	;设置读状态字地址
PR31:	IN	AL,DX	;读状态字
	TEST	AL,80H	
	JNZ	PR31	;判"忙"标志为"0"，否则再读
	MOV	DX,CWADD2	;设置写指令代码地址
	MOV	AL,AH	;取指令代码
	OUT	DX,AL	;写指令代码
	RET		
PR3	ENDP		
PR4	PROC	NEAR	; 5.写显示数据子程序(E2)
	MOV	DX,CRADD2	;设置读状态字地址
PR41:	IN	AL,DX	;读状态字
	TEST	AL,80H	
	JNZ	PR41	;判"忙"标志为"0"，否则再读
	MOV	DX,DWADD2	;设置写显示数据地址
	MOV	AL,DAT	;取数据
	OUT	DX,AL	;写数据
	RET		
PR4	ENDP		
PR5	PROC	NEAR	;6.读显示数据子程序(E2)
	MOV	DX,CRADD2	;设置读状态字地址
PR51:	IN	AL,DX	;读状态字
	TEST	AL,80H	
	JNZ	PR51	;判"忙"标志为"0"，否则再读
	MOV	DX,DRADD2	;设置写显示数据地址
	IN	AL,DX	;读数据
	MOV	DAT,AL	;存数据
	RET		
PR5	ENDP		

```
CCW_PR    PROC      NEAR              ;中文显示子程序
          MOV       DX,OFFSET CCTAB   ;确定字符字模块首地址
          MOV       AL,CODE_          ;取代码
          MOV       AH,0
          MOV       CL,5              ;字模块宽度为 32 个字节
          SHL       AX,CL             ;代码×32
          ADD       AX,DX             ;字符字模块首地址
                                      ;字模库首地址＋代码×32
          MOV       FONT,AX
          MOV       AL,COLUMN         ;列地址
          MOV       COL2,AL
          MOV       CODE_,00H         ;代码寄存器借用为间址寄存器
CCW_1:    MOV       COUNT,10H         ;计数器设置为 16
          MOV       AL,PAGE_          ;读页地址寄存器
          AND       AL,03H            ;取页地址有效值
          OR        AL,0B8H           ;"或"页地址设置代码
          MOV       AH,AL             ;设置页地址
          CALL      PRO
          CALL      PR3
          MOV       AL,COL2           ;取列地址值
          MOV       COLUMN,AL
          MOV       AL,COLUMN         ;读列地址寄存器
          CMP       AL, PD1
          JL        CCW_2             ;＜0，为左半屏显示区域(E1)
          MOV       COLUMN,AL         ;≥0，为右半屏显示区域(E2)
          MOV       AL,PAGE_
          OR        AL,08H            ;设置区域标志位
          MOV       PAGE_,AL          ;"0"为 E1，"1"为 E2
CCW_2:    MOV       AH,COLUMN         ;设置列地址值
          MOV       AL,PAGE_          ;判区域标志以确定设置哪个控制器
          TEST      AL,08H
          JZ        CCW_3
          CALL      PR3               ;区域 E2
          JMP       CCW_4
CCW_3:    CALL      PRO               ;区域 E1
```

CCW_4:	MOV	AL,CODE_	;取间址寄存器值
	MOV	AH,0	
	ADD	AX,FONT	
	MOV	BX,AX	
	MOV	AL,DS:[BX]	;取汉字字模数据
	MOV	DAT,AL	;写数据
	MOV	AL,PAGE_	
	TEST	AL,08H	
	JZ	CCW_5	
	CALL	PR4	;区域 E2
	JMP	CCW_6	
CCW_5:	CALL	PR1	;区域 E1
CCW_6:	INC	CODE_	;间址寄存器加 1
	INC	COLUMN	;列地址寄存器加 1
	MOV	AL,COLUMN	;判列地址是否超出区域范围
	CMP	AL, PD1	
CCW_7:	JL	CCW_8	;未超出则继续
	MOV	AL,PAGE_	;超出则判是否在区域 E2
	TEST	AL, 08H	
	JNZ	CCW_8	;在区域 E2 则退出
	OR	AL,08H	;在区域 E1 则修改成区域 E2
	MOV	PAGE_,AL	
	MOV	AH,00H	;设置区域 E2 列地址为 "0"
	CALL	PR3	
CCW_8:	DEC	COUNT	
	JNZ	CCW_4	;当页循环
	MOV	AL,PAGE_	;读页地址寄存器
	TEST	AL,80H	
	JNZ	CCW_9	;判完成标志 D7 位, 为 "1" 则完成退出
	INC	AL	;否则页地址加 1
	OR	AL,80H	;置完成位为 "1"
	AND	AL,0F7H	
	MOV	PAGE_,AL	
	MOV	CODE_,10H	;间址寄存器设置为 16
	JMP	CCW_1	;大循环

```
        CCW_9:      RET
        CCW_PR   ENDP
```

五、实验思考题

编程实现：在实验例程的基础上，使得液晶屏从右到左流动显示"I LOVE U"。

下篇　单片机实验

第4章　单片机实验开发环境

4.1　MCS-51 单片机集成开发环境安装

Keil C51 是美国 Keil Software 公司出品的 51 系列兼容单片机 C 语言软件开发系统。Keil 提供了包括 C 编译器、宏汇编程序、仿真调试器、链接器和库管理器等在内的完整开发方案，通过一个集成开发环境(μVision)将这些部分组合在一起，可以完成从工程监理到编译、链接、目标代码生成、软件仿真和硬件仿真等完整的开发流程。

一、Keil C51 软件及驱动程序安装

首先安装 Keil C51 软件，然后安装 USB 虚拟串口驱动程序和实验设备配套仿真器的驱动程序，安装步骤如下：

(1) 运行 Keil C51 安装包中的文件 "Setup.exe"，会出现安装初始化界面，初始化完成后，弹出如图 4-1 所示的安装询问界面，提示用户是安装评估版还是完全版。如果用户购买的是正版 Keil C51 软件，则选择 "Full Version"；否则选择 "Eval Version"。

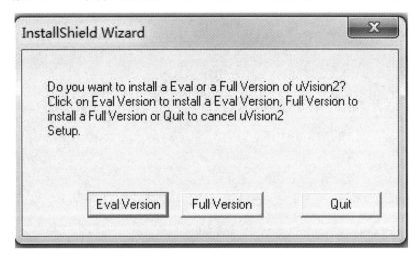

图 4-1　安装询问界面

(2) 进入如图 4-2 所示的安装向导界面，单击 "Next"。

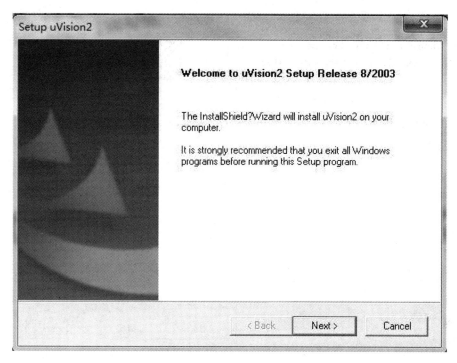

图 4-2　安装向导界面

(3) 紧接着出现图 4-3 所示的 License 界面，单击"Yes"。

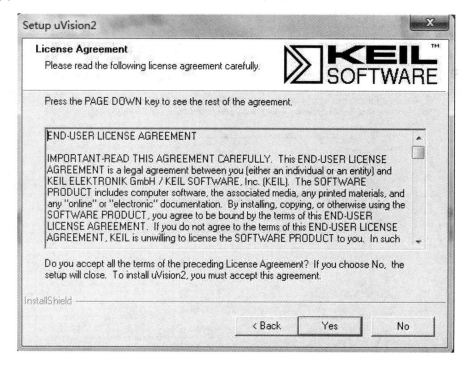

图 4-3　License 界面

(4) 设置安装路径后，单击"Next"，如图 4-4 所示。建议选择默认安装路径"C:\Keil"。

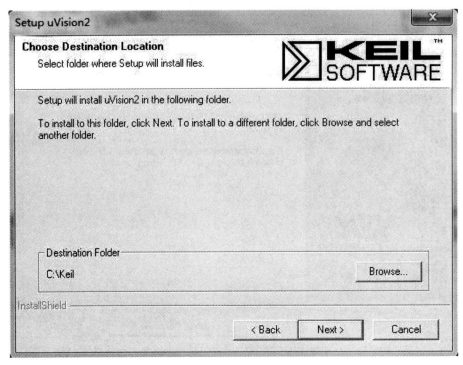

图 4-4　设置安装路径界面

(5) 填写用户信息和序列号，如图 4-5 所示。

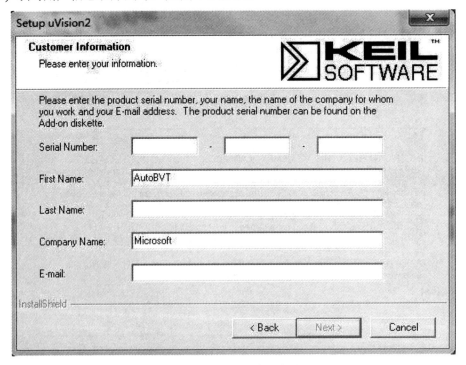

图 4-5　填写用户信息和序列号

(6) 填写完成后，单击"Next"，出现图 4-6 所示的开始编译文件界面。

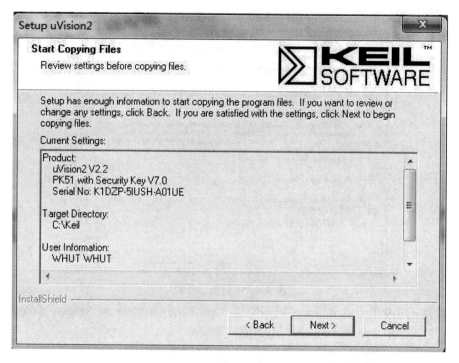

图 4-6　开始编译文件界面

（7）单击"Next"，开始安装软件，如图 4-7 所示。安装过程中若单击"Cancel"，则会取消安装。

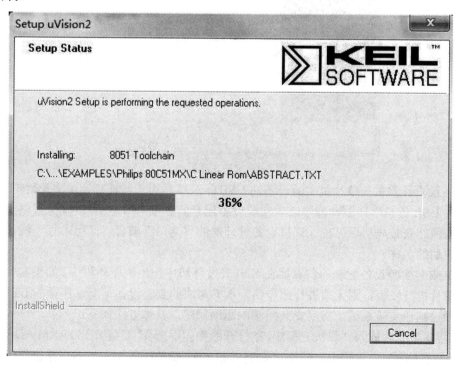

图 4-7　正在安装软件界面

(8) 安装进程结束后，会出现图 4-8 所示的界面，单击"Next"。

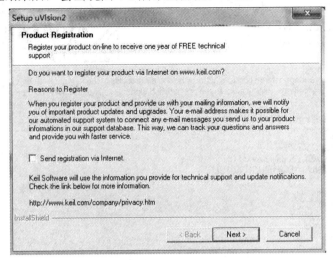

图 4-8　注册提示界面

(9) 出现图 4-9 所示的界面，可以不勾选"Yes,I want to view the Release Notes"(是的，我想查看发行说明)，单击"Finish"则完成安装。

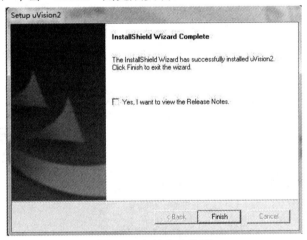

图 4-9　安装完成界面

(10) 检查计算机与单片机实验设备的 USB 下载线是否正常连接，初次开始实验之前，需要安装 USB 虚拟串口驱动程序或者实验设备配套的虚拟串口驱动，以确保可以正常下载程序和通信。安装成功后可在计算机设备管理器的"端口"或者"通用串行总线控制器"下看到驱动的名称。

(11) 安装实验设备配套的仿真器在 Keil 开发环境中使用的驱动程序。如果实验设备是通用的单片机开发板，则无须进行此步骤。本书对应的实验设备是南京伟福的 Lab8000 系列通用微控制器实验系统，需要安装配套的驱动程序，具体方法如下：

① 将随机光盘放入计算机光驱中，在打开的界面中选择"安装 KEIL/ARM ADS 驱动"。

② 在随后出现的界面中，勾选"安装 Keil C51 驱动程序"，"Keil 路径"选择已经安装好的 Keil 软件的路径，单击"安装"即可。

二、Keil 环境中使用 Proteus7.1 的驱动程序安装

Proteus 是将电路仿真软件、PCB 设计软件和虚拟模型仿真软件三合一的设计平台，不仅具有其他 EDA 工具软件的仿真功能，还能仿真单片机及外围器件。Proteus 可以完成从原理图布图、代码调试到单片机与外围电路协同仿真的整个转换进程，并可一键切换到 PCB 设计，真正实现了从概念到产品的完整设计。Proteus 的处理器模型支持 8051、HC11、PIC10/12/16/18/24/30/DSPIC33、AVR、ARM、8086、MSP430、Cortex 和 DSP 等多种系列处理器，同时支持 IAR、Keil 和 MATLAB 等多种编译器。Proteus 软件具有原理布图、PCB 自动或人工布线、SPICE 电路仿真、互动的电路仿真和仿真处理器及其外围电路的功能。可以仿真常用主流单片机，还可以直接在基于原理图的虚拟原型上编程，再配合显示及输出，能看到运行后输入/输出的效果。配合系统配置的虚拟逻辑分析仪、示波器等，Proteus 建立了完备的电子设计开发环境。

安装好 Proteus7.1 软件后，可以安装在 Keil 环境中使用 Proteus7.1 的驱动程序，步骤如下：

(1) 单击驱动程序"vdmagdi.exe"，开始安装驱动，单击"Next"，如图 4-10 所示。

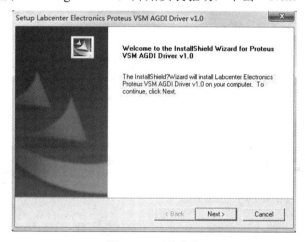

图 4-10　开始安装

(2) 出现图 4-11 所示的设置 Keil 版本的界面。选择版本之后，单击"Next"。

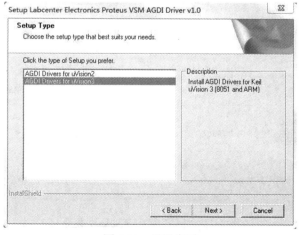

图 4-11　设置类型

(3) 进入选择安装路径的界面，如图 4-12 所示。此处注意要与 Keil 的安装路径一致，选择之后单击"Next"。

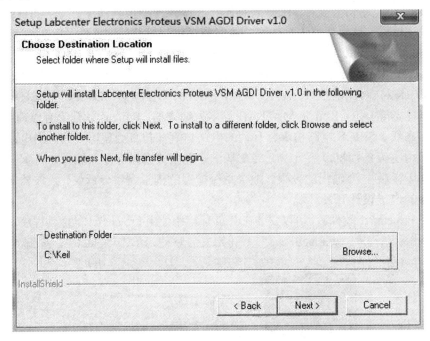

图 4-12　选择安装路径

(4) 选择需要安装的驱动类型，如图 4-13 所示。如需安装，则勾选，然后单击"Next"。

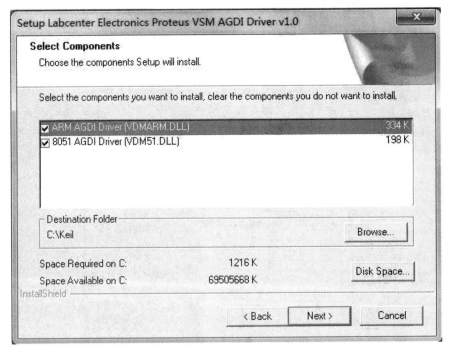

图 4-13　选择需要安装的驱动类型

(5) 单击"Finish"，完成安装，如图 4-14 所示。

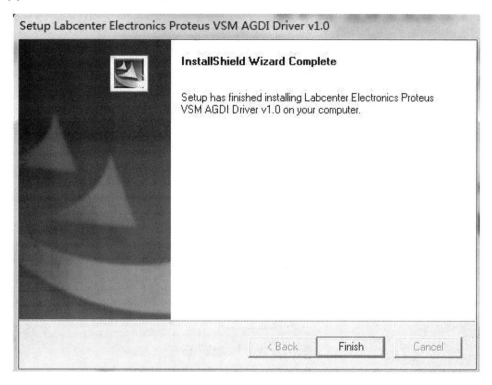

图 4-14　安装完成

4.2　实验操作流程

一、实验设备操作注意事项

学生需充分预习，在老师的指导下操作实验设备。实验操作的主要注意事项如下：

(1) 检查实验设备总电源开关是否关闭(OFF 位)。确保总电源开关关闭的情况下，检查实验设备与计算机的通信线是否连接正常。

(2) 在实验设备电源关闭的情况下，方可进行导线连接、通信线插拔等操作。实验过程中，如需重新进行硬件连接或者插拔通信线，则需先使实验设备断电。

(3) 安装或者拆卸芯片和单片机核心板时，需首先使实验设备断电。

(4) 当发现导线破损和实验设备电源线破损时，立即断电并更换。

(5) 当实验设备出现异常时应立即断电，并及时报告老师。

二、实验总体流程

在实验之前，需掌握单片机实验流程，对实验具有总体认识。单片机实验流程如图 4-15 所示。

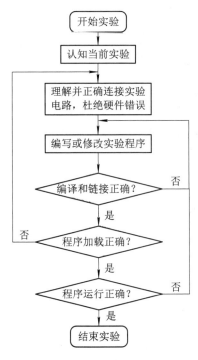

图 4-15　单片机实验流程

(1) 对实验项目有总体认知，充分了解实验目的、实验设备和实验内容。

(2) 熟悉实验设备的硬件原理、实验电路原理和连线方法，杜绝引发信号冲突、总线竞争的错误连接。

(3) 根据实验要求，编写程序，并进行编译、链接和加载操作，完成实验内容。如果出现编译错误，可根据集成开发环境给出的错误信息来修正程序的语法错误；若出现链接错误，可检查项目中相关头文件和库文件是否正确添加、项目配置是否正确；若出现加载错误，可检查实验设备与计算机是否正确连接、通信驱动程序是否正确安装、单片机核心板是否正常初始化等。

(4) 运行程序，观察实验结果或者实验现象是否正确，并做好记录。

需要说明的是，编译和链接无错误仅能说明编写的源程序没有语法错误，程序能正确加载也只能表示实验设备与计算机通信正常，不代表程序运行之后一定可以得到正确的实验结果。还可以借助单步执行、断点等调试手段，来检查程序流程和执行过程是否正确。

第 5 章　单片机基础实验

5.1　Keil 开发环境的使用

一、实验目的

(1) 了解基于 Keil 开发环境的 51 单片机实验完整过程。

(2) 学会使用单片机点亮一个 LED 灯。

(3) 进一步掌握汇编语言编程。

二、预习要求

(1) 预习汇编语言的常用指令和语法。

(2) 预习 51 单片机 I/O 口的定义和功能。

三、实验原理

1. 51 单片机端口结构

51 单片机内部有 P0、P1、P2 和 P3 共 4 个 8 位双向 I/O 口，每个口都包含一个锁存器 (即特殊功能寄存器)、一个输出驱动器和一个输入缓冲器。为方便起见，把 4 个端口和其中的锁存器都统称为 P0～P3。因此，外设可直接连接于这几个口上，而无须另加接口芯片。P0～P3 的每个端口可以按字节输入或输出，也可以按位输入或输出。P0 口为三态双向口，能带 8 个 TTL 电路。P1、P2 和 P3 口为准双向口，负载能力为 4 个 TTL 电路，如果外设需要的驱动电流大，可加接驱动器。

2. 51 单片机端口功能

(1) P0 口：可作一般 I/O 口使用，但当应用系统采用外部总线结构时，它分时作为低 8 位地址线和 8 位双向数据总线。低 8 位地址由 ALE 信号的下降沿锁存到外部地址锁存器中，而高 8 位地址由 P2 口输出。

(2) P1 口：每 1 位均可独立作 I/O 口使用。

(3) P2 口：可作一般 I/O 口使用，但当应用系统采用外部总线结构时，它仅能作为高 8 位地址线。

(4) P3 口：双功能口。作为第一功能使用时同 P1 口，每一位均可独立作为 I/O 口。另外，每一位均具有第二功能，见表 5-1。每一位的两个功能不能同时使用。

表 5-1　P3 口各位的第二功能

端口	第二功能	端口	第二功能
P3.0	RxD(串行口输入)	P3.4	T0(定时器 0 的外部输入)
P3.1	TxD(串行口输出)	P3.5	T1(定时器 1 的外部输入)
P3.2	$\overline{INT0}$(外部中断 0 输入)	P3.6	$\overline{WR}$ (片外数据存储器、I/O 口写选通)
P3.3	$\overline{INT1}$(外部中断 1 输入)	P3.7	$\overline{RD}$ (片外数据存储器、I/O 口读选通)

3. Keil 常用的调试命令

Keil 常用的调试命令如表 5-2 所示。

表 5-2　Keil 常用调试命令

菜 单	工具栏	快捷键	描 述
Start/Stop Debugging		Ctrl+F5	启动或停止调试模式
Go		F5	运行程序，直到遇到一个中断
Step		F11	单步执行程序，遇到子程序则进入
Step over		F11	单步执行程序，跳过子程序
Step out of Current function		Ctrl+F11	执行到当前函数时结束
Stop Running		Esc	停止程序运行
Breakpoints…			打开断点对话框
Enable/Disable Breakpoint			使能/禁止当前行的断点
Disable All Breakpoints			禁止所有的断点
Insert/Remove Breakpoint			设置/取消当前行的断点
Kill All Breakpoints			取消所有的断点
Show Next Statement			显示下一条指令
Enable/Disable Trace Recording			使能/禁止程序运行轨迹的标识
View Trace Records			显示程序运行过的指令
Memory Map…			打开存储器空间配置对话框
Performance Analyzer…			打开设置性能分析的窗口
Inline Assembly…			对某一个行重新汇编,可以修改汇编代码
Function Editor…			编辑调试函数和调试配置文件

四、实验内容与步骤

1. 实验内容

通过 51 单片机的 P1.0 口控制一个 LED 灯，并通过快捷键完成程序编译、调试和运行操作。

　　实验接线：通过导线将 P1.0 连接到任意一个 LED 灯的连接孔。

2. 实验步骤

(1) 在计算机上建立一个项目文件夹，如 E:\Test1。

(2) 打开 Keil 开发环境。

(3) 单击菜单栏的"文件"→"新建"，则打开一个可编辑程序的文件窗口，如图 5-1 所示。

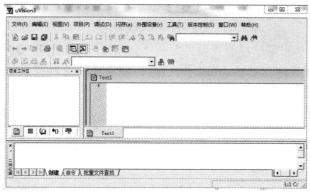

图 5-1　新建文件

　　(4) 在程序编辑窗口，键入以下程序，然后单击"文件"→"另存为…"，将程序保存在 E:\Test1 文件夹中，如图 5-2 所示。若编程语言为汇编语言，则文件类型为.asm 文件；若编程语言为 C 语言，则文件类型为.c 文件。注意文件名应当具有较强的可读性，如命名为 Example1. asm，单击"保存"即可。

```
Loop:
        mov     a, #01h
        mov     r2, #8
Output:
        mov     P1, a
        rl      a
        call    Delay
        djnz    r2, Output
        ljmp    Loop
Delay:
        mov     r6, #0
        mov     r7, #0
DelayLoop:
        djnz    r6, DelayLoop
        djnz    r7, DelayLoop
        ret
        end
```

图 5-2　保存文件

(5) 新建项目。单击菜单栏的"项目"→"新项目"，出现图 5-3 所示的对话框，软件自动默认将项目路径设定在 E:\Test1 文件夹中，此时键入可读性强的项目名，如 Example1，并单击"保存"。

图 5-3　保存项目

(6) 保存项目后，出现图 5-4 所示的窗口，选择 Atmel 公司的 AT89S52，然后单击"确定"。

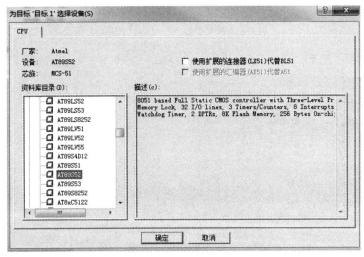

图 5-4　选择设备

(7) 选择设备之后，出现图 5-5 所示的对话框，询问是否复制标准的 8051 启动代码到项目文件夹并添加文件到项目，选择"是"。

图 5-5　是否添加文件到项目中

（8）鼠标移至"项目工作区"，单击"目标 1"，在"源代码组 1"上单击鼠标右键，选择"添加文件到组'源代码组 1'"，如图 5-6 所示。在出现的窗口中，文件类型选择"Asm 源文件(*.s*;*.src;*.s*)"，则会自动列出项目文件夹中该类型的文件，选中"Example1.asm"，单击"添加"，则将"Example1.asm"文件添加到项目中。特别需要注意的是，单独的汇编文件或者 C 文件是不能运行的，程序文件(.asm 文件或.c 文件)必须添加到项目中，在项目中运行。

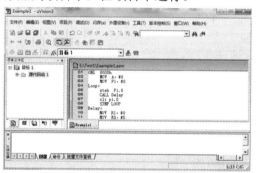

图 5-6　添加文件到项目中

（9）仿真器设置。右击"项目工作区"的"目标 1"，选择"为目标'目标 1'设置选项"，出现图 5-7(a)所示的窗口，选择"调试"页面。此时，如果只使用软件仿真，则选中左边的"使用软件仿真器"；若要与硬件联调，则需要选择右边的驱动程序，选择的驱动程序与实验设备对应，这里选择的是"WAVE V series MCS51 Driver"。

单击驱动下拉框右边的"设置"，出现图 5-7(b)所示的窗口。在"选择仿真器"栏中，选择"Lab8000"；在"选择仿真头"栏中，选择"MCS51 实验"；在"选择厂商"栏中，选择"Atmel"；在"选择 CPU"栏中，选择"AT89S52"；在"晶振频率"栏中，设置为"12000000"。然后在图 5-7(b)中单击"好"，再在图 5-7(a)中单击"确定"。

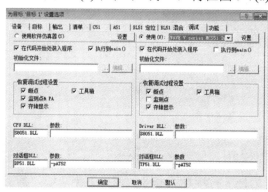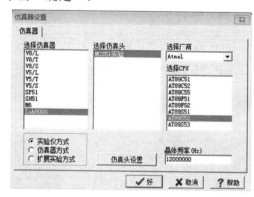

(a) 设置选项窗口　　　　　　　　　　　　　　(b) 仿真器设置

图 5-7　设置仿真器

(10) 编译、调试和运行。

① 按计算机键盘上的"F7"键，进行编译，若有报错，则需修改错误直至编译通过，如图 5-8 所示。

图 5-8　编译通过

② 按下计算机键盘上的"Ctrl+F5"键，进入调试状态。

③ 按下计算机键盘上的"F10"键，运行程序，观察实验现象。

五、实验思考题

(1) 编译通过是否代表程序能实现功能？

(2) 如果下载程序时出现问题，应该从哪些方面着手检查？

(3) 单独的.asm 文件或者.c 文件能否编译和运行？

5.2　I/O 口输入/输出实验

一、实验目的

(1) 学习单片机 I/O 口的使用方法。

(2) 学习编写延时子程序。

二、预习要求

(1) 预习 51 单片机 I/O 口的功能和操作方法。

(2) 预习延时子程序的实现方法。

三、实验原理

1. 端口操作

1) P0 口

P0 口可作为一般 I/O 口用，也可以分时作为低 8 位地址线和 8 位双向数据总线，其工作状态由 CPU 发出的控制信号决定。当 P0 口作 I/O 端口使用时，CPU 内部发出控制电平"0"信号，当 P0 口作地址/数据总线使用时，CPU 内部发出控制电平"1"信号。

P0 口作为输出口时，由于输出级为漏极开路电路，若要驱动 NMOS 或其他拉电流负载，则引脚上应外接上拉电阻。作为输入口时，如果下拉场效应管 VT_2 导通则会将输入的高电平拉为低电平造成误读，所以在进行输入操作前，应先向端口输出锁存器写"1"。

2) P1 口

P1 口可作一般 I/O 口使用。当 P1 口输出高电平时，能直接驱动拉电流负载，因此不必再外接上拉电阻。当 P1 口作为输入口时，和 P0 口一样，为避免误读，必须先向对应的输出锁存器写入"1"，使 FET 截止，然后再读端口引脚。因为片内输入电阻较大，约 $20\sim40\ \text{k}\Omega$，所以不会对输入的数据产生影响。

3) P2 口

P2 口可作为一般 I/O 口使用，也可用于输出高 8 位地址。

4) P3 口

P3 口是一个多功能口。当"第二功能输出"端保持高电平时，P3 口作一般 I/O 口使用。它的各位还具有第二功能。当 P3 口某一位用于第二功能输出时，该位的锁存器会自动置"1"。

总的来说，P0～P3 口都是准双向 I/O 口。作输入时，必须先向相应端口的锁存器写"1"。

四、实验内容与步骤

实验 1：流水灯实验

1. 实验内容

P1 口作输出口，接 8 个发光二极管。编写程序使 8 个发光二极管循环点亮。

2. 实验步骤

(1) 按照图 5-9 所示的电路，将 P1.0～P1.7 对应连接到发光二极管 L0～L7，图中虚线即为需要连接的线。

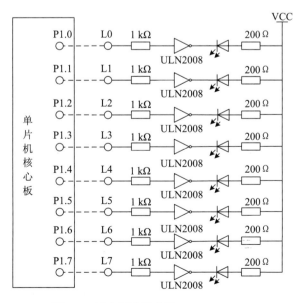

图 5-9　流水灯实验电路

(2) 运行 Keil C51 开发环境，按照图 5-10 所示的程序流程图编写程序，编译成功后进行调试和运行。

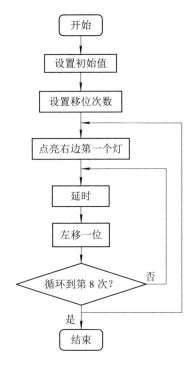

图 5-10　流水灯实验程序流程图

(3) 观察并记录实验现象。

参考程序如下：

```c
#include <reg51.h>
void delay()
{
    unsigned int i;
    for (i=0; i<20000; i++) {}
}
void main()
{
    unsigned char index;
    unsigned char LED;
    while(1)
    {
        LED = 1;
        for (index=0; index < 8; index++)
        {
            P1 = LED;
            delay();
```

```
            LED <<= 1;
        }
    }
}
```

实验 2：输入/输出(I/O)实验

1. 实验内容

P1.0、P1.1 作输入口，接两个拨动开关；P1.2、P1.3 作输出口，接两个发光二极管。编写程序，读取开关状态，并将开关状态相应地用发光二极管显示出来。

2. 实验步骤

(1) 按照表 5-3 接线。

表 5-3　I/O 口实验接线

连线	连接孔 1	连接孔 2
1	S0	P1.0
2	S1	P1.1
3	P1.2	L4
4	P1.3	L5

(2) 运行 Keil C51 开发环境，按照图 5-11 所示的程序流程图编写程序，编译成功后进行调试和运行。

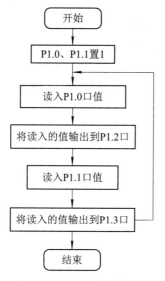

图 5-11　I/O 口实验程序流程图

(3) 观察并记录实验现象。

五、实验思考题

(1) P1 口用作输入口时，必须先对它置"1"吗？若不先置"1"，则会出现什么问题？

(2) 在实验 1 的基础上，由 P3.0～P3.7 分别控制发光二极管 L8～L15，编写程序，使 16 个发光二极管循环点亮。

(3) 在实验 2 的基础上，由 P1 口的低 4 位接 4 个开关，高 4 位接 4 个发光二极管，编写程序，读入开关的状态，并将状态对应显示在 4 个发光二极管上。

5.3　中断系统实验

一、实验目的

(1) 掌握 51 单片机中断系统结构和中断处理过程。
(2) 掌握中断程序的设计方法。

二、预习要求

(1) 预习 51 单片机中断系统的组成。
(2) 预习与中断控制有关的专用寄存器的定义。
(3) 预习 51 单片机中断处理过程。

三、实验原理

1. 中断系统的组成

51 单片机内部有 5 个中断源，如图 5-12 所示。外部中断源有 $\overline{INT0}$ 和 $\overline{INT1}$，其中断请求信号分别由引脚 P3.2 和 P3.3 输入，可选择低电平或者下降沿有效。内部中断源有定时器 0、定时器 1 中断和串行口中断源。

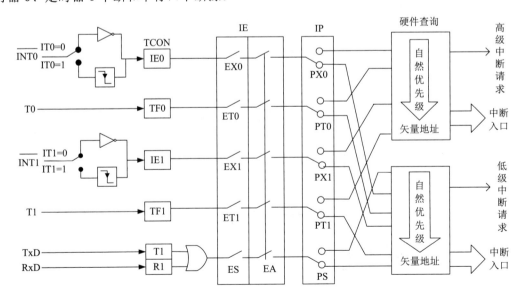

图 5-12　51 单片机中断控制器结构

1) 外部中断

外部中断由特殊功能寄存器 TCON 的低 4 位控制。

IT1 和 IT0 分别是外部中断 1(或 INT1)和外部中断 0(或 INT0)的触发方式选择位。置 1 时，表示下降沿触发；置 0 时，表示低电平触发。

IE1 和 IE0：外部中断 1 和外部中断 0 的中断请求标志。为 0 时，表示无外部中断请求；为 1 时，表示有外部中断请求。CPU 响应中断后，中断请求标志被自动清 0。

2) 内部中断

内部中断即定时器 0(T0)中断和定时器 1(T1)中断，由特殊功能寄存器 TCON 的高 4 位控制。

TF1 和 TF0 分别是定时器 T1 和定时器 T0 的溢出标志，当定时器溢出时由硬件自动使溢出标志置 1，并向 CPU 申请中断。当 CPU 响应进入中断服务程序后，溢出标志又被硬件自动清 0。溢出标志也可用软件清 0。

TR1 和 TR0 分别是定时器 T1 和定时器 T0 的运行控制位。可由软件置 1 或清 0 来启动或关闭定时器。

3) 串行口中断

串行口中断负责串行口的发送、接收中断，具体内容将在串行口实验中详细讲解。

2. 中断控制部分

51 单片机的中断控制部分由 4 个专用寄存器组成，分别是 TCON、SCON、IE 和 IP。5 个中断源的中断请求标志位及定时器/计数器控制位，均设置在定时控制寄存器 TCON 和串行口控制寄存器 SCON 中。单片机复位后，TCON 中的各位均为"0"，具体功能这里不再赘述。

1) 中断允许寄存器 IE

中断允许寄存器 IE 的作用是控制各个中断源的开放或者屏蔽，格式如下：

D7	D6	D5	D4	D3	D2	D1	D0
EA	—	—	ES	ET1	EX1	ET0	EX0

(1) EA(IE.7)：总中断允许控制位。EA = 1，CPU 开放中断；EA = 0，CPU 禁止响应一切中断。当 EA = 1 时，仅使 CPU 对所有的中断开放，但每个中断源被允许还是屏蔽则由各自的允许位确定。

(2) ES(IE.4)：串行口的中断允许控制位。ES = 1，允许串行口接收和发送中断；ES = 0，禁止串行口中断。

(3) ET1(IE.3)：定时器 T1 的中断允许控制位。ET1 = 1，允许中断，否则禁止中断。

(4) EX1(IE.2)：外部中断 INT1 的中断允许控制位。EX1 = 1，允许中断，否则禁止中断。

(5) ET0(IE.1)：定时器 T0 的中断允许控制位。ET0 = 1，允许中断，否则禁止中断。

(6) EX0(IE.0)：外部中断 INT0 的中断允许控制位。EX0 = 1，允许中断，否则禁止中断。

系统复位后，IE 各位均为 0，即禁止所有中断。IE 寄存器既可以按字节操作也可以按位操作。

2) 中断优先级寄存器 IP

5 个中断源的自然优先级从高到低的顺序是：外部中断 0→定时器中断 0→外部中断 1→定时器中断 1→串口中断。把寄存器 IP 的对应位设置为 1，就可以设置优先级，格式如下：

D7	D6	D5	D4	D3	D2	D1	D0
—	—	—	PS	PT1	PX1	PT0	PX0

(1) PS：串行口中断优先级，当 PS = 1 时为高优先级，当 PS = 0 时为低优先级。

(2) PT1：定时器 T1 中断优先级，当 PT1 = 1 时为高优先级，当 PT1 = 0 时为低优先级。

(3) PX1：外部 INT1 中断优先级，当 PX1 = 1 时为高优先级，当 PX1 = 0 时为低优先级。

(4) PT0：定时器 T0 中断优先级，当 PT0 = 1 时为高优先级，当 PT0 = 0 时为低优先级。

(5) PX0：外部 INT0 中断优先级，当 PX0 = 1 时为高优先级，当 PX0 = 0 时为低优先级。

当单片机上电或硬件复位时，IP 将被全部清 0，即每个中断都为低优先级，可通过编程对优先级进行设置。例如，要求将 T0、INT1 设为高优先级，其他为低优先级，求 IP 的值，则 IP 应为 00000110(06H)，也可用位操作指令来实现。在设置完 IP 后，5 个中断源的优先级变为：定时器中断 0→外部中断 1→外部中断 0→定时器中断 1→串口中断。

3. 中断处理过程

51 单片机中断响应过程包括：

(1) 中断源的识别。51 单片机的 CPU 在每个机器周期，会自动查询各个中断请求标志位，若查到某标志位被置位，将启动中断机制。

(2) 中断响应的条件。CPU 响应中断的条件有：

① 有中断源发出中断请求。

② 中断总允许位 EA = 1，即 CPU 开中断。

③ 申请中断的中断源的中断允许位为 1，即没有被屏蔽。

满足以上条件，CPU 会响应中断，但在中断受阻断情况下，CPU 不会响应本次的中断请求。

(3) 中断响应的阻断。在中断处理过程中，若发生下列情况，则中断响应会受到阻断：

① 正在执行同级或高优先级的中断服务程序。

② 当前的指令没有执行完时。由于单片机有单周期指令和多周期指令，如果当前执行的是多周期指令，那么需要等整条指令都执行完，才能响应中断。

③ 正在执行的是中断返回指令 RETI 或访问专用寄存器 IE 或 IP 的指令。CPU 在执行 RETI 或读写 IE 或 IP 之后，不会马上响应中断请求，至少要再执行一条其他指令后才会响应。

(4) 中断源的入口地址。各个中断源的入口地址是固定的，之间相隔 8 个单元。

● 外部中断 0(INT0)：0003H。

● 定时器中断 0(T0)：000BH。

● 外部中断 1(INT1)：0013H。

● 定时器中断 1(T1)：001BH。

● 串行口中断：0023H

(5) 中断响应的过程。CPU 响应中断时，首先把当前指令的下一条指令(即中断返回后将要执行的指令)的地址(断点地址)送入堆栈，然后根据中断标志，由硬件执行跳转指令，转到相应的中断源入口处，执行中断服务程序，当遇到 RETI(中断返回指令)时返回到断点处继续执行程序。这一系列工作是由硬件自动完成的。

四、实验内容与步骤

1. 实验内容

使用单脉冲发生器作为外部中断 0(INT0)的中断源，每按一次单脉冲产生一次中断，使 P1.0 控制的发光二极管 L0 发生一次跳变。

2. 实验步骤

(1) 按照表 5-4 接线。

表 5-4　外部中断实验接线

连线	连接孔 1	连接孔 2
1	P1.0	L0
2	单脉冲输出	P3.2(INT0)

(2) 运行 Keil C51 开发环境，按照图 5-13 所示的程序流程图编写程序，编译成功后进行调试，然后全速运行程序。

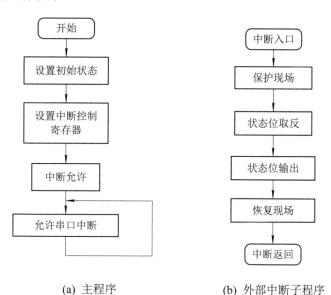

(a) 主程序　　　　　(b) 外部中断子程序

图 5-13　外部中断实验程序流程图

(3) 每按一次单脉冲，观察发光二极管的变化。

参考程序如下：

```
#include <reg51.h>
```

```
sbit LED = P1^0;
bit LEDBuf;
void ExtInt0() interrupt 0
{
    LEDBuf = !LEDBuf;
    LED = LEDBuf;
}
void main()
{
    LEDBuf = 0;
    LED = 0;
    TCON = 0x01;        //外部中断 0 下降沿触发
    IE = 0x81;          //打开外部中断允许位(EX0)及总中断允许位(EA)
    while(1) ;
}
```

五、实验思考题

(1) 编程实现：当 INT0 产生中断时，使发光二极管闪烁，即第 1 次中断时发光二极管亮；第 2 次中断时发光二极管灭；第 3 次中断时发光二极管亮；第 4 次中断时发光二极管灭；以此类推。

(2) 编程实现：使 8 个 LED 灯循环点亮，当产生中断时，8 个灯同时闪烁 3 次，闪烁完后继续循环点亮。要求使用 INT1 产生中断。

5.4　定时器/计数器实验

一、实验目的

(1) 学习 51 单片机定时器/计数器的工作原理与工作方式。
(2) 掌握定时器/计数器的编程方法。

二、预习要求

(1) 预习 51 单片机定时器/计数器的工作方式。
(2) 预习与 51 单片机定时器/计数器编程有关的特殊功能寄存器。

三、实验原理

51 单片机内部有两个 16 位的可编程定时器/计数器,简称定时器 0(T0)和定时器 1(T1)。其包含两个特殊功能寄存器即定时控制寄存器 TCON 和模式控制寄存器 TMOD。

工作于定时器模式时,定时器对 8051 单片机片内振荡器输出经 12 分频后的脉冲,即每个机器周期使定时器(T0 或 T1)的寄存器自动加 1 直至计满溢出，由于每个机器周期等于 12 个振荡周期，故计数频率为振荡频率的 1/12。

工作于计数器模式时，通过引脚 T0(P3.4)和 T1(P3.5)对外部脉冲信号计数，当输入脉冲信号从 1 到 0 进行负跳变时，计数器就自动加 1。计数的最高频率一般为振荡频率的 1/24。

1. 控制寄存器

1) 模式控制寄存器 TMOD

TMOD 是专用寄存器，用于控制 T1 和 T0 的工作模式以及工作方式，格式如下：

T1				T0			
D7	D6	D5	D4	D3	D2	D1	D0
GATE	C/$\overline{\text{T}}$	M1	M0	GATE	C/$\overline{\text{T}}$	M1	M0

(1) GATE：门控位。GATE=0 时，只要用软件使 TR0(或 TR1)置 1 就启动了定时器，而不管 INT0(或 INT1)的电平是高还是低；GATE=1 时，只有 INT0(或 INT1)引脚为高电平，且由软件使 TR0(或 TR1)置 1 时，才能启动定时器工作。

(2) C/$\overline{\text{T}}$：功能选择位。定时器/计数器方式选择位。C/$\overline{\text{T}}$=0 为定时器方式，C/$\overline{\text{T}}$=1 为计数器方式。

(3) M1、M0：工作方式控制位。

- M1 M0=0 0：方式 0(13 位定时器/计数器，TL1 和 TL0 只用低 5 位)。
- M1 M0=0 1：方式 1(16 位定时器/计数器)。
- M1 M0=1 0：方式 2(8 位自动重装计数器。仅 TL1 和 TL0 作为计数器，而 TL1 和 TL0 的值在计数中不变。TL1 和 TL0 溢出时，TL1 和 TL0 中的值自动装入 TLi 中)。
- M1 M0=1 1：方式 3(T0 分成 2 个独立的 8 位定时器/计数器)。

特别注意的是，TMOD 模式控制寄存器不能进行位寻址，只能进行字节寻址。系统复位时，TMOD 所有位均为 0。

2) 定时控制寄存器 TCON

TCON 的作用是控制定时器的启、停以及存放定时器的溢出标志和设置外部中断触发方式等，格式如下：

用于定时器/计数器				用于中断			
D7	D6	D5	D4	D3	D2	D1	IT0
TF1	TR1	TF0	TR0	IE1	IT1	IE0	IT0

(1) TF1 和 TF0 分别是定时器 T1 和定时器 T0 的溢出标志，当定时器溢出时由硬件自动使溢出标志置 1，并向 CPU 申请中断。当 CPU 响应进入中断服务程序后，溢出标志又被硬件自动清 0。溢出标志也可用软件清 0。

(2) TR1 和 TR0 分别是定时器 T1 和定时器 T0 的运行控制位。可由软件置 1 或清 0 来启动或关闭定时器。

(3) IT1 和 IT0 分别是外部中断 1(或 INT1)和外部中断 0(或 INT0)的触发方式选择位。

置 1 时，表示下降沿触发；置 0 时，表示低电平触发。

(4) IE1 和 IE0：外部中断 1 和外部中断 0 的中断请求标志。为 0 时，表示无外部中断请求；为 1 时，表示有外部中断请求。CPU 响应中断后，中断申请标志被自动清 0。

2. 定时器/计数器的初始化

定时器/计数器的功能由软件编程来设置，初始化程序一般放在主程序的开始处，初始化步骤如下：

(1) 确定工作模式、工作方式、启动控制方式，并将其写入 TMOD 寄存器。

(2) 设置定时器/计数器的初值。直接将初值写入 TH0、TL0 或 TH1、TL1 中。16 位计数初值必须分两次写入对应的计数器。

(3) 根据要求考虑是否采用中断方式。

(4) 启动定时器/计数器。

3. 计数初值的计算方法

假设最大计数值(溢出值)为 M，则不同工作方式下的 M 值分别如下：

方式 0：$M = 2^{13} = 8192$。

方式 1：$M = 2^{16} = 65\,536$。

方式 2：$M = 2^8 = 256$。

方式 3：$M = 2^8 = 256$，定时器 T0 分成 2 个独立的 8 位计数器，所以 TH0、TL0 的 M 值均为 256。

1) 计数模式

当 T0 或 T1 工作于计数模式时，计数脉冲由外部引入，它是对外部中断脉冲进行计数。因此计数值应根据实际要求来确定。计数初值 X 的计算公式为：$X = M -$ 计数值。

2) 定时模式

当 T0 或 T1 工作于定时模式时，由于是对机器周期进行计数，故计数值应为定时时间对应的机器周期个数。为此，应首先将定时时间转换为所需要记录的机器周期个数(计数值)，转换公式为：机器周期个数(计数值)＝定时时间÷机器周期。因此，计数初值 X 的计算公式为：$X = M -$ 定时时间÷机器周期。

四、实验内容与步骤

实验 1：定时器实验

1. 实验内容

用定时器中断方式计时，实现 P1.0 引脚的输出状态每秒发生一次反转，通过发光二极管指示状态变化。

2. 实验步骤

(1) 将 P1.0 连接到发光二极管 L0。

(2) 运行 Keil C51 开发环境，按照图 5-14 所示的程序流程图编写程序，编译成功后进行调试和运行。

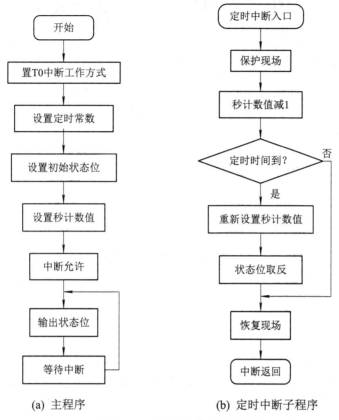

(a) 主程序   (b) 定时中断子程序

图 5-14 定时器实验程序流程图

(3) 观察并记录实验现象。

实验 2：计数器实验

1. 实验内容

用定时器/计数器 T0 按计数器模式和方式 1 工作，对 P3.4(T0)引脚进行计数。将其数值按二进制数在 P1 口驱动 LED 灯上显示出来。

2. 实验步骤

(1) 按照表 5-5 接线。

表 5-5 计数器实验接线

连线	连接孔 1	连接孔 2
1	P1.0	L0
2	P1.1	L1
3	P1.2	L2
4	P1.3	L3
5	单脉冲输出	P3.4(T0)

(2) 运行 Keil C51 开发环境，编写程序，编译成功后进行调试和运行。

(3) 观察并记录实验现象。

参考程序如下：

```
#include <reg51.h>
void main()
{
    TMOD = 0x05;              //计数器模式，工作方式 1
    TH0   = 0;
    TL0   = 0;
    TR0   = 1;               //启动计数器
    while (1)
    {
    P1 = TL0;                //将计数结果送到 P1 口
    }
}
```

五、实验思考题

(1) 已知单片机晶振频率为 12 MHz，采用定时器 T1 中断处理方式，编写程序，产生一个频率为 100 Hz 的方波信号，从 P1.0 引脚输出，通过示波器观察输出波形。

(2) 编写程序，将定时器/计数器 1 设定为计数器模式，每次计数到 10 时，在 P1.1 引脚上取反一次，观察发光二极管的状态变化。

5.5　串行通信实验

一、实验目的

(1) 学习 51 单片机串行口的工作原理。

(2) 了解实现串行通信的硬件环境和通信协议。

(3) 掌握串行通信的程序设计方法。

二、预习要求

(1) 预习 51 单片机串行口的结构、工作方式、相关寄存器和波特率设置方法。

(2) 预习串行口初始化步骤。

三、实验原理

51 单片机的串行口主要由两个数据缓冲器(SBUF)、一个输入移位寄存器(9 位)、一个串行控制寄存器(SCON)、一个发送控制器(TI)和一个接收控制器(RI)组成，如图 5-15 所示。

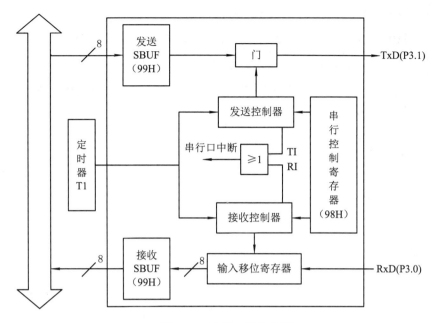

图 5-15　串行口结构框图

51 单片机串行口为全双工通信，包含串行接收器和串行发送器，以及两个物理上独立的接收缓冲器和发送缓冲器。接收缓冲器只能读出接收的数据，但不能写入；发送缓冲器只能写入发送的数据，但不能读出。因此，51 单片机串行口可以同时收、发数据，实现全双工通信。两个缓冲器是特殊功能寄存器 SBUF，它们的公用地址为 99H，SBUF 不支持位寻址。

1. 相关寄存器

1) 串行控制寄存器 SCON(98H)

SCON 用于设定串行口的工作方式、接收/发送控制以及设置状态标志位，格式如下：

7	6	5	4	3	2	1	0
SM0	SM1	SM2	REN	TB8	RB8	TI	RI

(1) SM0、SM1 为工作方式选择位，可选择 4 种工作方式，如表 5-6 所示。

表 5-6　SM0、SM1 的工作方式

SM0	SM1	方式	说　明	波 特 率
0	0	0	移位寄存器	$f_{osc} \div 12$
0	1	1	10 位异步收发器(8 位数据)	可变
1	0	2	11 位异步收发器(9 位数据)	$f_{osc} \div 64$ 或 $f_{osc} \div 32$
1	1	3	11 位异步收发器(9 位数据)	可变

(2) SM2 为多机通信控制位，主要用于方式 2 和方式 3。当接收机的 SM2 = 1 时可以

利用收到的 RB8 来控制是否激活 RI(RB8 = 0 时不激活 RI，收到的信息丢弃；RB8 = 1 时收到的数据进入 SBUF，并激活 RI，进而在中断服务中将数据从 SBUF 读出)。当 SM2 = 0 时，忽略 RB8 的状态，均可使收到的数据进入 SBUF，并激活 RI(即此时 RB 不具有控制 RI 激活的功能)。通过控制 SM2，可以实现多机通信。在方式 0 时，SM2 必须是 0。在方式 1 时，若 SM2 = 1，则只有接收到有效停止位时，RI 才置 1。

(3) REN 为允许串行接收位，由程序设置。当 REN = 1 时，启动串行口接收数据；当 REN = 0 时，则禁止接收。

(4) TB8 在方式 2 或方式 3 中是发送数据的第 9 位，通过程序规定其作用：可用于数据的奇偶校验位，也可在多机通信中作为地址帧/数据帧的标志位。在方式 0 和方式 1 中，该位未使用。

(5) RB8 在方式 2 或方式 3 中是接收到数据的第 9 位，作为奇偶校验位或地址帧/数据帧的标志位。在方式 1 时，若 SM2 = 0，则 RB8 是接收到的停止位。

(6) TI 为发送中断标志位，在方式 0 串行发送第 8 位数据结束时，或在其他方式串行发送停止位的开始时，由内部硬件使 TI 置 1，向 CPU 发中断申请。在中断服务程序中，必须用程序将其清 0，取消此中断的申请。

(7) RI 为接收中断标志位，在方式 0 串行接收第 8 位数据结束时，或在其他方式串行接收停止位的中间时，由内部硬件使 RI 置 1，向 CPU 发中断申请。在中断服务程序中，必须用程序将其清 0，取消此中断的申请。

2) 波特率及电源控制寄存器 PCON(87H)

PCON 是为波特率和 CHMOS 型单片机的电源控制而设置的专用寄存器，只有最高位 SMOD 与串行通信的波特率相关，其余的位在平时几乎不使用，格式如下：

7	6	5	4	3	2	1	0
SMOD	SMOD0	BOF	POF	GF1	GF0	PD	IDL

SMOD 为波特率倍增控制位，在串行口工作在方式 1、方式 2、方式 3 且当 SMOD=1 时，波特率加倍。单片机上电或硬件复位时，SMOD=0。

2. MCS-51 串行口的工作方式

1) 方式 0

方式 0 时，串行口为同步移位寄存器的输入/输出方式，主要用于扩展并行输入或输出口。数据由 RxD(P3.0)引脚输入或输出，同步移位脉冲由 TxD(P3.1)引脚输出。发送和接收均为 8 位数据，低位在先，高位在后。波特率固定为 $f_{osc}/12$。

2) 方式 1

方式 1 是 10 位数据的异步通信口。TxD 为数据发送引脚，RxD 为数据接收引脚。传送一帧数据的格式如图 5-16 所示，包含 1 个起始位、8 个数据位和 1 个停止位。

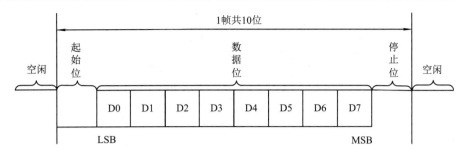

图 5-16 方式 1 数据格式

编程置 REN = 1 时，接收器以所选择波特率的 16 倍速率采样 RxD 引脚电平，检测到 RxD 引脚输入电平发生负跳变时，则说明起始位有效，将其移入输入移位寄存器，并开始接收这一帧数据的剩余位。接收过程中，数据从输入移位寄存器最低位移入，起始位移至输入移位寄存器最高位时，控制电路进行最后一次移位。当 RI = 0 且 SM2 = 0(或接收到的停止位为 1)时，将接收到的 9 位数据的前 8 位数据装入接收 SBUF，第 9 位(停止位)进入 RB8，并置 RI = 1，向 CPU 请求中断。

3) 方式 2 和方式 3

方式 2 或方式 3 为 11 位数据的异步通信口。TxD 为数据发送引脚，RxD 为数据接收引脚，数据格式如图 5-17 所示。

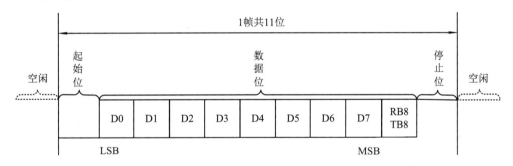

图 5-17 方式 2/方式 3 数据格式

方式 2 和方式 3 有 1 个起始位、9 个数据位(含 1 个附加位，发送时为 SCON 寄存器的 TB8 位，接收时为 SCON 寄存器的 RB8 位)和 1 个停止位，一帧数据为 11 位。方式 2 的波特率固定为晶振频率的 1/64 或 1/32，方式 3 的波特率由定时器 T1 的溢出率决定。

4) 波特率的计算

在串行通信中，收发双方对发送或接收数据的速率要有约定。通过程序可对单片机串行口编程为 4 种工作方式，其中方式 0 和方式 2 的波特率是固定的，而方式 1 和方式 3 的波特率是可变的，由定时器 T1 的溢出率来决定。

串行口的 4 种工作方式对应 3 种波特率。由于输入的移位时钟的来源不同，因此，各种方式的波特率计算公式也不相同，具体如下：

$$方式 0 的波特率 = \frac{f_{osc}}{12}$$

$$方式 2 的波特率 = \frac{2^{\text{SMOD}}}{64} \times f_{\text{osc}}$$

$$方式 1 的波特率 = \frac{2^{\text{SMOD}}}{32} \times T1\ 溢出率$$

$$方式 3 的波特率 = \frac{2^{\text{SMOD}}}{32} \times T1\ 溢出率$$

当 T1 作为波特率发生器时，最典型的用法是使 T1 工作在 8 位自动重装的定时器方式(即方式 2，且 TCON 的 TR1 = 1，以启动定时器)。这时，溢出率取决于 TH1 中的计数值，即

$$T1\ 溢出率 = \frac{f_{\text{osc}}}{\{12 \times [256 - (TH1)]\}}$$

3. 串行口初始化

在使用串行口之前，应该对串行口进行初始化，具体步骤如下：

(1) 确定定时器 1 的工作方式(采用方式 2)——设置 TMOD。

(2) 计算定时器 1 的计数初值——装入 TH1 和 TL1。

(3) 启动定时器 1——设置 TCON 中的 TR1。

(4) 确定串行口的控制——设置 SCON。

(5) 若采用中断方式编程，则还需开 CPU 中断和源中断——设置 IE 寄存器。

四、实验内容与步骤

1. 实验内容

利用单片机串行口，实现两台实验设备之间的串行通信。其中一台实验设备作为发送方，另一台实验设备作为接收方。发送方读入按键值，并发送给接收方，接收方收到数据后将数据在数码管上显示。

2. 实验步骤

(1) 按照表 5-7 接线，键盘扫描和数码管显示电路接线参考"8086/8088 硬件拓展实验"中的"3.2.1 数码管显示实验"和"3.2.2 键盘扫描实验"。

表 5-7　串行通信实验接线

连线	连接孔 1(发送方)	连接孔 2(接收方)
1	TxD	RxD
2	RxD	TxD
3	GND	GND
4	KEY/LED_CS	CS0

(2) 运行 Keil C51 开发环境，按照图 5-18 所示的程序流程图编写程序，编译成功后进行调试和运行。

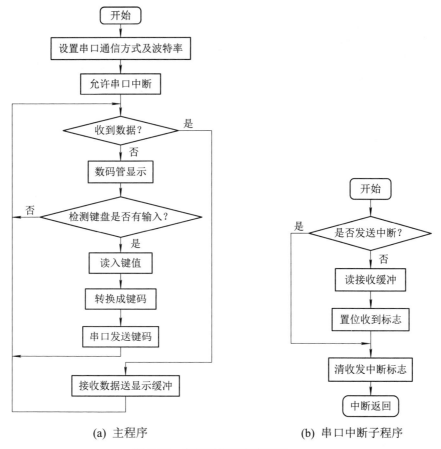

(a) 主程序　　　　　　　　　　　(b) 串口中断子程序

图 5-18　串行通信程序流程图

(3) 观察并记录实验现象。

参考程序如下：

```c
#include <reg51.h>
#define LEDLen 6

xdata unsigned char OUTBIT _at_ 0x8002;        //位控制口
xdata unsigned char OUTSEG _at_ 0x8004;        //段控制口
xdata unsigned char IN      _at_ 0x8001;       //键盘读入口
unsigned char LEDBuf[LEDLen];                  //显示缓冲
unsigned char RcvBuf;                          //接收缓冲
bit HasRcv = 0;                                //接收标志
code unsigned char LEDMAP[] =
{                                              //八段数码管显示码
    0x3f, 0x06, 0x5b, 0x4f, 0x66, 0x6d, 0x7d, 0x07,
    0x7f, 0x6f, 0x77, 0x7c, 0x39, 0x5e, 0x79, 0x71
};
void SerialIO0( ) interrupt 4
```

```
    {
        if(RI)
        {
            RI = 0;
            RcvBuf = SBUF;
            HasRcv = 1;
        }
    else
    {
            TI = 0;
        }
    }
    void Delay(unsigned char CNT)
    {
        unsigned char i;
        while (CNT-- !=0)
        for (i=100; i !=0; i--);
    }
    void DisplayLED()
    {
        unsigned char i, j;
        unsigned char Pos;
        unsigned char LED;
        Pos = 0x20;                      //从左边开始显示
        for (i = 0; i < LEDLen; i++)
        {
            OUTBIT = 0;                  //关掉所有八段数码管
            LED = LEDBuf[i];
            OUTSEG = LED;
            OUTBIT = Pos;                //显示一位八段数码管
            Delay(1);
            Pos >>= 1;                   //显示下一位
        }
    }
    code unsigned char KeyTable[] =
    {   //键码定义
        0x16, 0x15, 0x14, 0xff,
        0x13, 0x12, 0x11, 0x10,
        0x0d, 0x0c, 0x0b, 0x0a,
```

```
        0x0e, 0x03, 0x06, 0x09,
        0x0f, 0x02, 0x05, 0x08,
        0x00, 0x01, 0x04, 0x07
};

unsigned char TestKey()
{
    OUTBIT = 0;                          //输出线置为 0
    return (~IN & 0x0f);                 //读入键状态(不用高 4 位)
}
unsigned char GetKey()
{
    unsigned char Pos;
    unsigned char i;
    unsigned char k;
    i = 6;
    Pos = 0x20;                          //找出键所在列
    do
    {
            OUTBIT = ~ Pos;
            Pos >>= 1;
            k = ~IN & 0x0f;
    } while ((--i != 0) && (k == 0));

    //键值 = 列 * 4 + 行
    if (k != 0)
    {
        i *= 4;
        if (k & 2)
            i += 1;
        else if (k & 4)
            i += 2;
        else if (k & 8)
            i += 3;
        OUTBIT = 0;
        do Delay(10); while (TestKey());  //等键释放
        return(KeyTable[i]);              //取出键码
    }
    else return(0xff);
```

```
        }
        void main()
        {
            IE =    0x00;                          //关所有中断
            TMOD = 0x20;
            TH1  = 0xF3;        TL1  = 0xF3;
            PCON&= 0x7F;                           //SMOD 位清 0
            SCON = 0x50;                           //设置串行口工作方式
            LEDBuf[0] = 0xff;
            LEDBuf[1] = 0xff;
            LEDBuf[2] = 0xff;
            LEDBuf[3] = 0xff;
            LEDBuf[4] = 0x00;
            LEDBuf[5] = 0x00;
            TR1 = 1;
            ES  = 1;
            EA  = 1;
            HasRcv = 0;
            while (1)
            {
                if(HasRcv)
                {
                    LEDBuf[5] = LEDMAP[RcvBuf & 0x0f];
                }
                DisplayLED();
                if (TestKey()) SBUF = GetKey();
            }
        }
```

五、实验思考题

(1) 参考程序中，选用的是哪个定时器作为波特率发生器？定时器工作于方式几？波特率是多少？设置的串行口工作方式是什么？

(2) 编程实现：将发送机片内 RAM 中 30H～3FH 中的 16 个数据发送给接收机，串行口工作在方式 2，波特率固定，TB8 为奇偶校验位；接收机接收发送机发送的 16 个数据，并存放在内部 RAM(30H～3FH)中，串行口工作在方式 2，核对奇偶校验位，并对接收数据的正确性进行判断，如果数据有错，则转到错误处理程序。

(3) 编程实现：由两台单片机实验设备组成双机通信系统，简称甲机和乙机，甲机外部中断 0 连接一个单脉冲输出按钮，按第一次时，甲机上一个发光二极管亮 1 s，同时数码管显示"1"；按第二次时，乙机上的发光二极管亮 1 s，同时数码管显示"2"；按第三次时，甲机上的发光二极管亮 1 s，同时数码管显示"3"；如此循环。

5.6　步进电机控制实验

一、实验目的

(1) 了解步进电机的工作原理。
(2) 掌握步进电机转动控制方式和调速方法。
(3) 学会设计步进电机控制程序。

二、预习要求

(1) 预习步进电机的工作原理。
(2) 预习单片机控制步进电机转动和调速的方法。

三、实验原理

使用开环控制方式能对步进电机的转动方向、速度和角度进行调节。所谓步进，就是每给步进电机一个递进脉冲，步进电机各绕组的通电顺序就改变一次，即电机转动一次。

步进电机驱动原理是通过对每相线圈中的电流的顺序切换来使电机做步进式旋转。切换是通过单片机输出脉冲信号来实现的，所以调节脉冲信号的频率便可以改变步进电机的转速。改变各相脉冲的先后顺序，就可以改变电机的旋转方向。步进电机的转速应由慢到快逐步加速。

电机驱动方式可以采用双四拍(AB→BC→CD→DA→AB)方式，也可以采用单四拍(A→B→C→D→A)方式，或单、双八拍(A→AB→B→BC→C→CD→D→DA→A)方式。各种工作方式的时序如图 5-19 所示，图中示意的脉冲信号是高电平有效，但实际控制时公共端是接在 VCC 上的，所以实际控制脉冲是低电平有效。

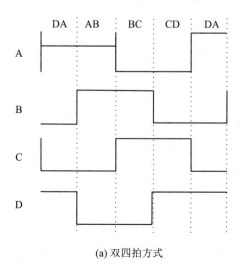

(a) 双四拍方式

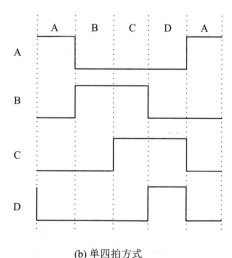

(b) 单四拍方式

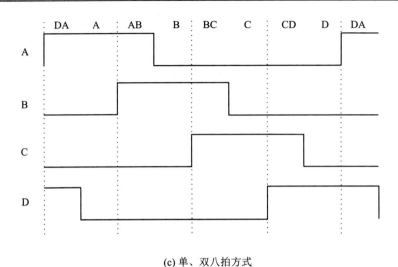

(c) 单、双八拍方式

图 5-19　步进电机工作时序图

四、实验内容与步骤

1. 实验内容

用 8255A 扩展端口控制步进电机，采用双四拍方式驱动，编写程序输出脉冲序列到 8255A 的 PA 口，控制步进电机正转、反转以及加速、减速。

2. 实验步骤

(1) 按照图 5-20 所示连接实验电路。

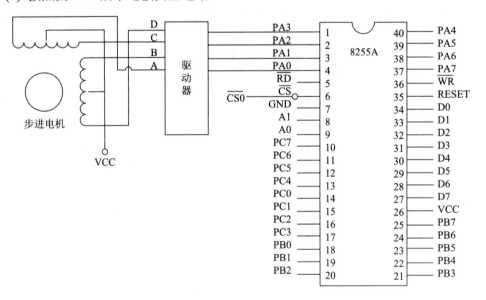

图 5-20　步进电机控制实验接线图

(2) 运行 Keil C51 开发环境，按照图 5-21 所示的程序流程图编写程序，编译成功后进行调试和运行。

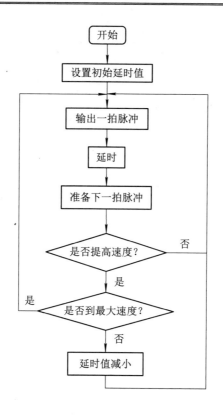

图 5-21　步进电机控制实验程序流程图

(3) 观察并记录步进电机运转情况。

(4) 将驱动方式改为单四拍方式，并提高步进电机运行速度，修改程序并观察实验现象。

注意：步进电机在不使用的情况下，应断开连接，以防止误操作导致电机过热。

参考程序如下：

```c
#define mode8255 0x82
xdata unsigned char control _at_ 0x8003;
xdata unsigned char ctl _at_ 0x8000;
#define Astep 0x01
#define Bstep 0x02
#define Cstep 0x04
#define Dstep 0x08
unsigned char dly_c;
void delay( )
{
unsigned char tt,cc,yy;
    cc = dly_c;
    tt = 0x0;
    do
```

```
            {
                do
                {
                    yy = 1;
                    while(yy--);
                }while(--tt);
            }while(--cc);
        }
        void main( )
        {
            unsigned char mode;
            control = mode8255;
            mode = 2;
            ctl = 0;
            dly_c = 0x10;
            //双四拍工作方式
            if(mode == 2)
            while(1)
            {
                ctl = Astep+Bstep;
                delay( );
                ctl = Bstep+Cstep;
                delay( );
                ctl = Cstep+Dstep;
                delay( );
                ctl = Dstep+Astep;
                delay( );
                if(dly_c>3) dly_c --;
            };
            while(1);
        }
```

五、实验思考题

(1) 编程实现：通过单片机 P0.0～P0.3 控制步进电机，分别对应步进电机的 A～D，用按键控制步进电机的速度，按键"1""2""3"分别对应低速、中速和高速，采用双四拍方式驱动，速度自行设定。

(2) 编程实现：通过单片机 P0.0～P0.3 控制步进电机，分别对应步进电机的 A～D，用按键控制步进电机的转动方向，按键"1""2"分别表示顺时针旋转和逆时针旋转，采用单、双八拍方式驱动，速度自行设定。

5.7　直流电机控制实验

一、实验目的

(1) 了解直流电机的控制原理。
(2) 掌握脉宽调制(PWM)直流调速方法。
(3) 学会 51 单片机控制直流电机的程序设计方法。

二、预习要求

(1) 预习直流电机的工作原理。
(2) 预习直流电机单元的组成。
(3) 预习 PWM 调速方法。

三、实验原理

直流电机控制单元的结构如图 5-22 所示。在电压允许范围内,直流电机的转速随着电压的升高而加快,若加在直流电机上的电压为负电压,则电机会反向旋转。本实验设备的 D/A 变换电路可输出$-8\sim+8$ V 的电压,电压经驱动后加在直流电机上,使直流电机转动。通过单片机输出数据到 D/A 变换电路,控制电压的高低和正负,从而控制直流电机的转速和转动方向。在电机转盘上安装一个小磁芯,用霍耳元件感应电机转速,用单片机控制 8255A 读取感应脉冲,从而可测算出电机的实际转速。

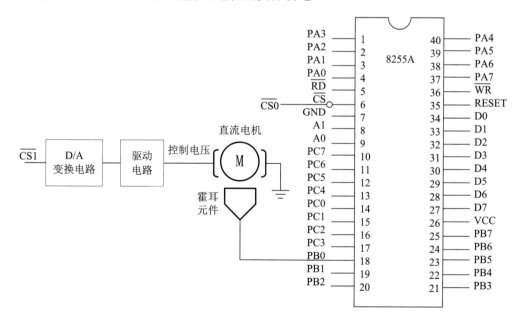

图 5-22　直流电机控制单元原理图

四、实验内容与步骤

1. 实验内容

利用实验设备上的 D/A 变换电路，输出 –8～+8 V 电压，控制直流电机。改变 D/A 变换器输出的模拟电压值，以调节电机转速，并用 8255 的 PB.0 读回脉冲计数，计算电机转速。

2. 实验步骤

(1) 按照表 5-8 接线，另外，8255 电路接线可参见"3.1.1 8255 并行接口实验"。

表 5-8　直流电机实验接线

连线	连接孔 1	连接孔 2
1	DA_CS	$\overline{\text{CS1}}$
2	–8～+8 V	直流电机电压输入
3	8255_CS	$\overline{\text{CS0}}$
4	PB.0	直流电机脉冲输出

(2) 运行 Keil C51 开发环境，按照图 5-23 所示的程序流程图编写程序，编译成功后进入调试状态。

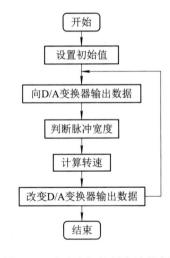

图 5-23　直流电机控制实验程序流程图

(3) 全速运行程序，观察并记录实验现象。

参考程序如下：

```c
#include <reg52.h>
#define mode 0x82
xdata unsigned char CTL        _at_ 0x8003;
xdata unsigned char status     _at_ 0x8001;
xdata unsigned char CS0832     _at_ 0x9000;
unsigned int count;
```

```
#define DC_P 1
void delay()
{
    unsigned int ddd;
    ddd = 50000;                    //在 6 MHz 约延时 1 s
    while(ddd--);
}
unsigned int read()
{
    TMOD = 1;                       //16 位计时
    TR0   = 0;
    TH0   = 0;
    TL0   = 0;
    while(!(status & DC_P));         //等待低电平完
    while(status & DC_P);            //等待高电平完
    TR0   = 1;
    while(!(status & DC_P));         //等待低电平完
    while(status & DC_P);            //等待高电平完
    TR0   = 0;
    return (TH0*0x100+TL0);
}
void main()
{
    CTL = mode;
    while(1)
    {
        CS0832 = 0xff;              //产生电压控制电机
        delay();                    //等待电机运转稳定
        count = read();             //读取时间
        CS0832 = 0xc0;             //产生电压控制电机
        delay();                    //等待电机运转稳定
        count = read();             //读取时间

        CS0832 = 0x40;             //产生电压控制电机
        delay();                    //等待电机运转稳定
        count = read();             //读取时间

        CS0832 = 0x00;             //产生电压控制电机
        delay();                    //等待电机运转稳定
```

```
        count = read();                //读取时间
    }
}
```

五、实验思考题

(1) 在参考程序的基础上，通过修改程序，使按键"1""2""3"分别对应低速、中速和高速(速度大小自行设定)，根据读入的按键值相应地改变 PWM 占空比，从而改变直流电机转速。

(2) 编程实现：设定直流电机转速，并实现直流电机循环正转和反转。

第 6 章　单片机应用实验

6.1　交通灯设计实验

一、实验目的

(1) 进一步掌握外部中断的使用方法。

(2) 学会单片机中断程序的设计方法。

(3) 初步学会设计单片机综合系统。

二、预习要求

(1) 预习单片机外部中断的响应过程和控制方法。

(2) 预习 8255A 的工作原理和使用方法。

三、实验要求

实现十字路口简易交通信号灯的模拟控制，一般情况下交通灯正常工作，当有急救车到达时，用单次脉冲申请外部中断，让东西和南北两个方向交通信号灯全红，以便让急救车通过。假设急救车通过路口时间为 10 s，急救车通过后，交通灯恢复正常工作。

四、实验说明

1. 实验电路及连线

实验电路如图 6-1 所示，用 8255 的 PA0～PA5 连接 LED0～LED5，其中 LED0、LED1、LED2 分别表示南北方向的红、黄、绿灯，LED3、LED4、LED5 分别表示东西方向的红、黄、绿灯。单次脉冲连接到 51 单片机的 $\overline{INT0}$，8255 的片选信号连接到 $\overline{CS0}$。

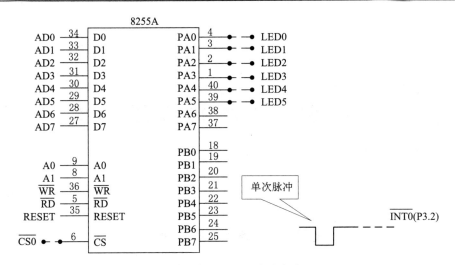

图 6-1　交通灯设计实验电路

2. 程序流程图

参考图 6-2 所示的流程图编写交通灯设计实验的程序。

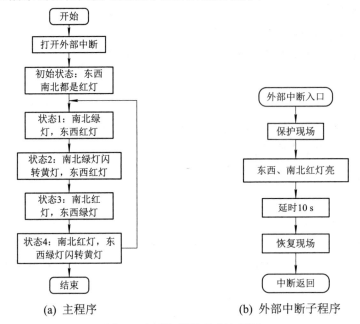

(a) 主程序　　　　　(b) 外部中断子程序

图 6-2 交通灯设计程序流程图

6.2　计算器设计实验

一、实验目的

(1) 进一步熟悉数码管显示电路和键盘扫描电路的工作原理与编程方法。

(2) 进一步掌握单片机 C 语言程序设计方法。

(3) 学会设计简单的计算器。

二、预习要求

(1) 预习实验设备的键盘扫描电路和数码管显示电路的工作原理。

(2) 预习数据计算的基本方法。

三、实验要求

利用实验设备上提供的数码管显示电路和键盘扫描电路，设计一个简单的计算器。用键盘上的 A 键作为 "+"、B 键作为 "－"、C 键作为 "×"、D 键作为 "÷"、E 键作为 "="、F 键作为 "C(清除)"。

四、实验说明

1. 实验电路及接线

数码管显示电路和键盘扫描电路的接线可以参考前面的实验，这里还需连接键盘/显示的选择信号，见表 6-1。

表 6-1　计算器设计实验接线

连线	连接孔 1	连接孔 2
1	KEY/LED_CS	CS1

2. 程序流程图

参考图 6-3 所示的流程图编写计算器设计实验的程序。

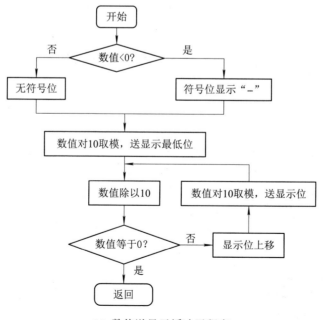

(a) 数值送显示缓冲子程序

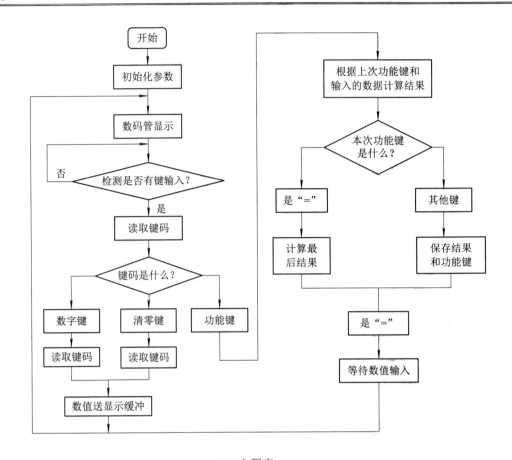

(b) 主程序

图 6-3　计算器设计程序流程图

6.3　温度闭环控制实验

一、实验目的

(1) 了解温度闭环控制的原理和调节方法。

(2) 进一步熟悉 A/D 转换原理和编程方法。

(3) 进一步掌握键盘扫描和数码管显示原理及编程方法。

(4) 进一步掌握设计单片机综合系统的方法。

二、预习要求

(1) 预习闭环控制的原理。

(2) 预习 A/D 转换原理。

(3) 熟悉实验电路和硬件连接。

三、实验要求

利用实验设备上提供的显示模块、键盘扫描模块和 A/D 转换模块，模拟一个温度闭环控制系统，用实验设备上的电位器模拟温度变化，用发光二极管指示升温和降温控制，用键盘设定需要控制的温度，当温度超过设定温度的+/−2℃时，启动升温或者降温控制。

四、实验说明

1. 实验电路及接线

实验电路如图 6-4 所示，用 LED0 和 LED1 分别表示升温和降温控制，接好显示电路和键盘电路，给 A/D 转换模块接上模拟量输入和地址选择信号即可，参照表 6-2 接线。

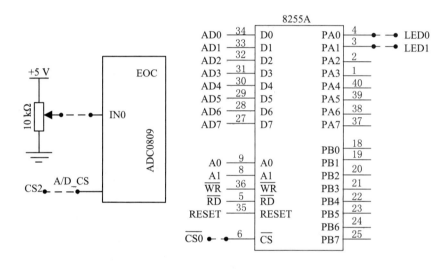

图 6-4　温度闭环控制实验电路

表 6-2　温度闭环控制实验接线

连线	连接孔 1	连接孔 2
1	A/D_CS	CS2
2	IN0	电位器输出
3	8255_CS	$\overline{CS0}$
4	PA0	L0
5	PA1	L1
6	KEY/LED_CS	CS1

2. 程序流程图

参考图 6-5 所示的温度控制主程序流程图编写程序。

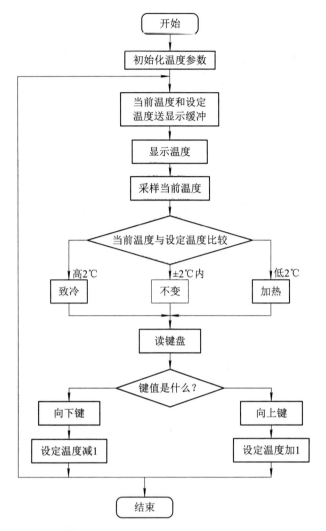

图 6-5　温度闭环控制主程序流程图

附录　综合创新性实验参考选题

　　综合创新性实验不依赖固定的实验设备，属于开放性实验。需要学生自行设计实验方案，绘制硬件原理图和软件流程图，完成电路设计和软件编程，并在调试中优化设计方案，最终完成符合要求的实物作品。建议学生以单片机为微控制器，可以选用 51 系列单片机，也可以选用 STM32、MSP430 等其他系列单片机。可通过扫描下方二维码获取部分综合创新性实验选题，其中介绍设计了选题的设计要求和参考方案。学生可以根据设计要求另行制订方案，也可以自行选择其他应用性或者创新性题目。

1. 红外测温及闸门控制装置

2. 全自动迎宾门控制系统

3. 腰椎术后康复矫正提示系统

4. 火灾智能监测系统

参 考 文 献

[1] 彭虎. 微机原理与接口技术[M]. 4 版. 北京：电子工业出版社，2016.

[2] 楼顺天，周佳社，张伟涛.微机原理与接口技术[M]. 3 版. 北京：科学出版社，2021.

[3] 姜志海. 单片机原理及应用[M]. 5 版. 北京：电子工业出版社，2021.

[4] 林立. 单片机原理及应用：基于 Proteus 和 Keil C[M]. 4 版. 北京：电子工业出版社，2018.

[5] 王克义. 微机原理[M]. 2 版. 北京：清华大学出版社，2020.

[6] 王瑜琳，徐晓灵，陈兴劼. 单片机实验及实训指导[M]. 成都：西南交通大学出版社，2020.

[7] 陈琦，古辉，胡海根，等. 微机原理与接口技术实验教程[M]. 北京：电子工业出版社，2017.

[8] 冯旭刚，章家岩. 微机原理与接口技术实验教程[M]. 合肥: 中国科学技术大学出版社，2017.

[9] 周思跃. 单片机原理、实验和接口教程[M]. 2 版. 北京：清华大学出版社，2017.